少年探索 发现系列

探索奥秘世界　发现未解之谜

INCREDIBLE UNSOLVED MYSTERIES

最不可思议的 宇宙未解之谜

总策划／邢涛　主编／龚勋

汕头大学出版社

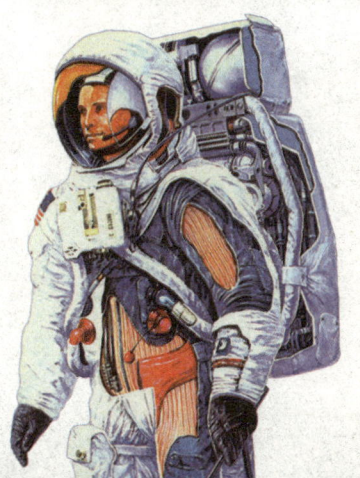

前言 Foreword

我们生活的宇宙，充满了无尽的神奇与玄妙。尽管现在人类对太空的探索已经取得了很大的成就，但相对于浩瀚无边的宇宙来说，我们已知的事物还非常有限。许多无法解释清楚的未知事物和现象，既令人惊奇，又引人深思，同时也吸引着人们继续去探寻。

《最不可思议的宇宙未解之谜》一书，以最大限度满足少年儿童的好奇心、拓展少年儿童的视野为目的，精选了诸多新奇的宇宙谜团，采取灵活多样的体例、图文并茂的形式，详尽展示了宇宙中的奇闻异象和未知事物。本书包括揭秘宇宙、探疑太阳系、寻访外星人和追踪UFO四部分内容。少年儿童既可以在这里体验宇宙诞生的神奇，感受暗物质、黑洞、星际分子、超新星、类星体等神秘事物；也可以在此探究太阳系起源，目击美丽的月球辐射纹，发现火星人面石的奥秘。书中收入了许多国内外有关外星人、UFO的传说故事，这些故事虽然一时真伪难辨，但却可以激发你的想象，带领你去探寻外星生命的秘密。

阅读本书，你将走进一个神秘莫测的宇宙世界。希望广大少年儿童能通过本书拓展视野，开启心智，在思考与探索中走向未来。

开启宇宙探险者的冒险之旅！！

目录
CONTENTS

第一章 1~44
揭秘宇宙

- 2 宇宙诞生之谜
- 4 宇宙是圆的还是方的
- 5 宇宙的中心在哪里
- 6 宇宙有限还是无限
- 8 宇宙年龄知多少
- 10 宇宙是什么颜色的
- 11 宇宙是否有始无终
- 12 宇宙会死亡吗
- 14 寻找暗物质
- 16 探寻宇宙中的反物质
- 18 宇宙射线从哪里来
- 20 黑洞形成之谜
- 22 白洞探奇

- 23 穿越虫洞可能吗
- 24 星系究竟从何而来
- 26 星系可以"养育"星系吗
- 27 星际分子之谜
- 28 揭秘银河系的起源
- 30 银河系的年龄有多大
- 31 银河系的中心有黑洞吗
- 32 大恒星是怎样形成的
- 34 探秘恒星的最高温度
- 36 "短命"的五胞胎星团
- 38 超新星从哪里来
- 40 "藏起来"的中子星
- 42 破解恒星爆炸的秘密
- 44 类星体的能量来自何方

第二章 45~104
探疑太阳系

- 46 太阳系起源的假说
- 48 寻找太阳系的尽头

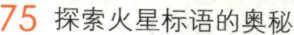

49	冥外行星真的存在吗
50	太阳的能量来自何处
51	中微子跑到哪里去了
52	水星的莫测身世
53	水星上有水吗
54	水星磁场从何而来
55	水星密度之谜
56	金星为何逆向自转
57	金星上有过大海吗
58	地球是怎样形成的
60	地球为什么会转动
62	地球上的生命起源
64	探秘月球起源
66	月球究竟"芳龄"几何
67	神秘消失的月球磁场
68	"两面派"月球大探秘
70	来历不明的环形山
71	月面辐射纹从何而来
72	寻找月球上的智能生物
74	火星上的水去了哪里

75	探索火星标语的奥秘
76	火星洞穴形成之谜
77	揭秘火星"金字塔"
78	匪夷所思的火星人面石
80	神秘的木星大红斑
82	探秘木星环
83	揭开木星极光的奥秘
84	探寻木星的未来
85	土星环是怎样形成的
86	神秘莫测的六角云团
87	土卫六会成为地球吗
88	"双面"土卫八大揭秘
89	身世离奇的土卫九
90	天王星自转之谜
91	来历不明的蓝色光环
92	揭开海王星磁场的奥秘
93	冥王星起源之谜
94	小行星引发的大争论
96	"塞德娜"星探奇
98	失而复得的小行星
99	灶神星亮度之谜
100	解析彗星的形成
101	怪异的哈雷彗星蛋
102	解开尘埃身世之谜
104	大爆炸与陨石有关吗

第三章 105~126
寻访外星人

106 探索地外智慧生命
108 外星人来自何方
110 外星人形象之谜
112 外星人怎样维持生命
113 外星人也会死亡吗
114 外星人如何与人类交流
116 外星人是否隐居地球
118 "黑衣人"疑云
120 神秘的天外来客
122 "欧洲孤儿"之谜
124 骇人听闻的"屠牛事件"
126 神秘地图出自谁手

第四章 127~153
追踪UFO

128 UFO真的存在吗
130 UFO形状之谜
131 UFO究竟有多少种
132 "天书"疑云
134 置疑UFO留下的痕迹
136 揭秘罗斯韦尔事件
138 "天使头发"之谜
140 UFO"造访"军事基地
142 天降火球为何物
144 UFO为何要攻击人类
146 探秘飞机失踪事件
148 空中惊魂
150 揭秘风湾事件
152 神秘卫星与UFO

[第一章]

揭秘宇宙

　　茫茫宇宙，多彩变幻，充满了无尽的神奇与玄妙。置身于其中，人类感觉到的不仅是自身的微弱与渺小，同时还充满了对宇宙的种种疑惑：宇宙是怎样诞生的？宇宙会死亡吗？黑洞是怎么回事？超新星从哪里来？恒星为什么会爆炸？……迄今为止，很多问题是人类还无法准确回答的。正因为如此，宇宙这一神秘而又美丽的空间才吸引了无数的人对它进行探索。在这一章里，我们将会为你展现这些神奇奥妙的宇宙谜团，让你在无限的遐想之中，感受宇宙空间的浩瀚与生命出现的可贵。

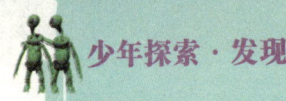

宇宙诞生之谜

> 宇宙是不是爆炸"炸"出来的？
> 宇宙最初只是一个大火球吗？

千百年来，人类一直在探寻宇宙的起源。今天，虽然科学技术已经有了重大的进步，但关于宇宙的成因仍处于假说阶段。

到目前为止，"宇宙大爆炸"理论是流传最广，并被许多科学家普遍接受的关于宇宙诞生的假说。这一假说是由美国著名天体物理学家加莫夫和弗里德曼提出来的。假说认为，大约在200亿年前，构成我们今天所看到的天体的物质都集中在一起，被称为原始火球，它的密度极高，温度超过100亿摄氏度。后来，原始火球发生了大爆炸，组成火球的物质飞散到四面八方。在爆炸发生两秒钟后，质子和中子产生，大约一万年后，产生了氢原子和氦原子。在这一万年的时间里，散落在空间的物质开始了局部的结合，星云和恒星就是由这些物质凝聚形成的。在星云的发展过程中，大部分物质凝聚成了星体，另外一部分物质成了星际介质。

虽然大爆炸理论得到了很多科学家的认可，

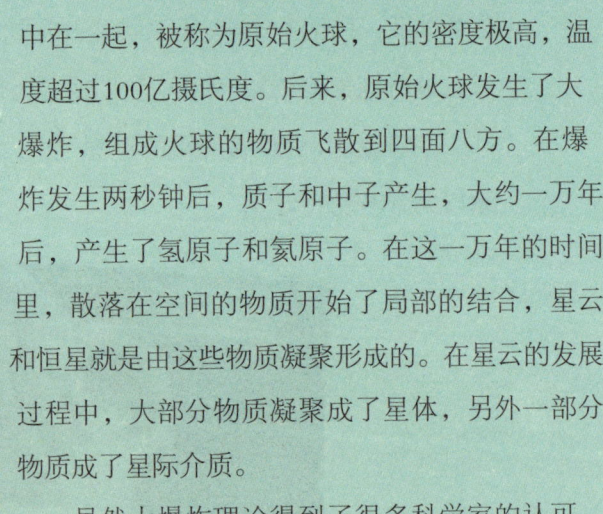

◀ 千百年来，人们对宇宙的探索从未停止。

然而，大爆炸之前的宇宙是什么样子的？为什么会发生大爆炸？"宇宙大爆炸"理论并不能解决这些根本性的问题，所以有些人对它持怀疑态度。

关于宇宙的诞生，英国天文学家霍伊尔等人提出了"宇宙永恒"假说，法国天文学家沃库勒等人提出了"宇宙层次"假说。不过，最值得我们关注的则是印度天文学家纳尔利卡尔等人在1999年9月提出的一种新的宇宙起源理论——"亚稳状态宇宙论"。该理论认为，宇宙在最初的时候是一个被称为"创物场"的巨大能量库，在这个能量库中，不断地发生爆炸，逐渐形成了宇宙的雏形。此后，宇宙空间又接连不断地发生小规模爆炸，导致局部空间膨胀，最后便造成了整个宇宙的膨胀。

▲ 关于宇宙的成因，现在仍处于假说阶段。

以上这些假说虽然能从一定程度上对宇宙诞生之谜做出解释，但它们并不能完全解释宇宙诞生的过程。可以预测，随着空间技术的发展，人类对宇宙的起源将会做出更为完整和科学的解释。

宇宙探秘录 Universe

有关宇宙起源的神话故事

在中国古代传说中，巨神盘古氏开辟地，创造了天地万物。在古印度，人们认为是"创造之神"梵天创造了整个世界。而在信仰基督教的国家，人们相信天地万物是由上帝创造的。

▼ 有人认为，宇宙是由若干次小规模的爆炸导致膨胀后形成的。

宇宙是**圆**的还是**方**的

> 宇宙是扁平的，还是圆球状的？
> 宇宙的形状像轮胎、瓶子、足球，还是鸡蛋？

宇宙是什么形状的呢？有的天文学家认为，宇宙应该是扁平的。但是也有科学家提出，宇宙很可能是球形的。甚至还有人指出，宇宙的形状很可能像个轮胎，或者像个瓶子，甚至可能像足球。最近，意大利费拉拉大学的天文学家提出的新观点认为，宇宙的形状是一个类似鸡蛋的椭圆形球体。

费拉拉大学的天文学家说，探测器获得的数据表明，在一块有限的空间内，宇宙的微波背景辐射在横向和纵向上是一致的。但如果把范围扩大到整个可观察的空间，就会发现，宇宙的微波背景辐射在横向上是对称的圆形，而在纵向上却是个有一定偏心率的椭圆。这表明，宇宙的形状看上去就是一个类似鸡蛋的椭圆形球体。

虽然人们的说法不尽相同，但宇宙到底是什么形状，至今也没有人能够准确地描绘它。最近，美国太空总署的科学家提出，采用γ射线对宇宙深空进行观察，也许可以帮助科学家测算出宇宙的形状。希望在不久的将来，这一切将不再是一个谜。

◀ 人类发射的探测器正在飞向宇宙空间。

最不可思议的宇宙未解之谜

宇宙的中心在哪里

> 宇宙也有中心吗？
> 宇宙的中心就是发生大爆炸的那个点吗？

宇宙有中心吗？它的中心又在哪里？对于这些问题，人们众说纷纭，莫衷一是。

有人认为，宇宙肯定有自己的中心。他们的理由是，根据现在被大家公认的理论，宇宙起源于一场大爆炸，那么，最初爆炸的那个点就是宇宙的中心。但是很多人都认为，这样的中心并不存在。1929年，美国天文学家哈勃通过对宇宙的观测后提出，如果以地球为静止不动的参照对象，那么就存在这样一种情况——宇宙中的各个星系相对于我们都在快速后退。也就是说，宇宙在膨胀。同时他还观测到，从各个方向看去，宇宙膨胀的速度是相同的。简单说来，这种情景很像一个表面画有很多斑点的气球被逐渐吹胀，当气球膨胀时，任何两个斑点之间的距离都会增加，但是没有一个斑点可以被认为是膨胀的中心。宇宙也是如此，它也没有中心。

现在看来，关于"宇宙是否有中心"这个问题，一时间还没有准确的答案。随着科学技术的发展，相信这个谜团终究会被解开。

◀ 宇宙到底有没有中心，还需要人类的不断探索。

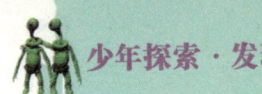
少年探索·发现系列

宇宙有限还是无限

宇宙是有限的还是无限的？
宇宙有没有边界？

宇宙究竟有多大？对这个问题，古今中外有过许多说法，但争论的焦点往往集中在"宇宙是有限的还是无限的"这个问题上。也就是说，如果宇宙是有限的，那么它的大小就能够被我们测量或计算出来。反之，我们就很难得到正确的答案。

▲ 有一部分人认为宇宙是有限的。

那么，宇宙究竟是有限的还是无限的呢？随着天文学的发展，人们通过望远镜观测发现，太阳系所在的银河系直径约为10万光年，厚约1万光年，拥有大约1500亿颗恒星和大量星云。在银河系以外，还有许许多多的河外星系。我们的银河系同它周围的河外星系组成了一个星系群，它的直径大约为260万光年。比星系群更高一级的是星系团，它由成百上千个星系组成。比如，在室女座超星系团里就有一个星系团，它包含了1000个以上的星系，距离我们大约2000万光年。目前，大型天文望远镜已经能够观测到100多亿光年外的天体，但远远没有发现宇宙的边缘。因此，多数天文学家认为宇宙是无限的，它没有边界，也没有中心。

◀ 这是美国制造的航天飞机。

然而,也有部分人认为宇宙是有限的。他们的理由是,如果宇宙起源于大爆炸,那么,从大爆炸发生到现在的时间是有限的,而宇宙膨胀的速度是一定的,所以宇宙的大小就是有限的。

除此之外,英国著名理论物理学家史蒂芬·霍金对这个问题也提出了自己的观点。他认为:宇宙有限而无界,只不过比地球多了几维。比如,我们的地球就是有限而无界的。在地球上,无论从南极走到北极,还是从北极走到南极,你始终不可能找到地球的边界,但你不能由此认为地球是无限的。地球如此,宇宙也是如此。

其实,人类对宇宙的观测能力还十分有限,宇宙究竟是有限还是无限,还有待于天文学家的进一步研究探索。

◀ 史蒂芬·霍金

宇宙探秘录 Universe

什么是维

"维"是一种度量时间和空间的尺度。其中,一维只有长度,二维有长和宽,三维具有长、宽、高。如果在三维空间中再加上时间,就构成了四维。

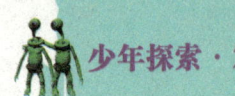少年探索·发现系列

宇宙年龄知多少

> 宇宙有多少岁了?
> 用哪些方法可以测知宇宙的年龄?

宇宙的年龄究竟有多大?这个简单又基本的问题已经困扰了科学家们几个世纪。现在,科学家们对宇宙年龄的测量手段多种多样,得出的数据也各不相同。

最初,科学家认为宇宙的年龄大约在100亿~200亿岁。后来,一个由法国、荷兰、德国和美国科学家组成的研究小组宣布,他们发现了一个远在135亿光年外的、正在形成的星系团,这是当时人类发现的最远的星系团。科学家们根据这一发现推测,宇宙的年龄不会低于135亿年,但也不会超出这一数字太多,因为这一星系团是宇宙诞生初期的产物。

2002年,法国科学家在英国的《自然》杂志上发表了有关宇宙年龄的论文,

宇宙探秘录 Universe

白矮星

白矮星是光度暗弱并处于演化末期的恒星,其特征是光度低,质量大,半径则与地球相当,所以它的密度非常大。如果白矮星的质量进一步增大,它就会坍缩成密度更高的天体:中子星或黑洞。

人类对宇宙的探索永无止境。

文中说,他们与其他国家的科学家合作,利用欧洲南方天文台设立在智利的"极大望远镜"上的高精度光谱仪,观察到了一颗名为CS31082-001的贫金属恒星上的铀238谱线。这是人们首次在贫金属恒星上发现铀元素谱线,它对精确推断宇宙年龄非常重要。根据铀元素的谱线,可以推算出该恒星上铀元素的含量。科学家将它与钍元素含量进行比较后,初步推算出,宇宙的年龄至少有125亿年,误差为33亿年左右。

2007年,美国宇航局的天文学家在新闻发布会上介绍说,他们利用"哈勃"太空望远镜观测到了迄今所发现的银河系中最古老的白矮星,这为确定宇宙年龄提供了一种全新的途径。天文学家介绍说,这些古老的白矮星是在距地球7000光年的一个名为M4的球状星团中发现的。白矮星是早期恒星燃尽后的产物,会随着年龄的增长而逐渐冷却,因而被视为测量宇宙年龄的理想"时钟"。根据他们的推测,宇宙的年龄应该为130亿～140亿岁。

虽然现在关于宇宙年龄的答案各不相同,但科学家们说,我们人类使用大型望远镜进行星系测量的工作才刚刚开始。伴随着新的发现,更多的宇宙年龄估计值将被测算出来,这会使我们逐渐得出宇宙的真实年龄。

▶ 关于宇宙的年龄,人们的答案各不相同。

宇宙是什么颜色的

宇宙也有颜色吗?
宇宙是不是牛奶咖啡色的?

也许你认为,宇宙就是黑漆漆的。不过,现在有很多科学家都提出,宇宙也有自己的颜色。但它的颜色究竟是哪一种,到现在还仅仅是一个推测而已。

2006年,在美国天文学会举行的一次会议上,两位美国科学家——霍普金斯大学的布鲁克和鲍德里宣布,他们通过分析20万个星系所发出的光谱推测,宇宙呈现出的颜色应该是米色。但他们嫌这一说法不够确切,于是便邀请科学界的有关专家来为宇宙颜色命名。据介绍,共有300多位科学家传来了电子邮件,其建议真是五花八门,包括"大爆炸米色""银河金色""宇宙土色""天文杏仁色"等。最后,"牛奶咖啡色"脱颖而出,成为获选者。于是,牛奶咖啡色就成了一部分人心目中的宇宙颜色。

但是,另外一些科学家并不赞成这种说法。他们提出,宇宙空间极为广阔,并不是人类所能想象出来的。也许只有站在宇宙之外,才能真正看清楚它的颜色,所以"宇宙是牛奶咖啡色的"这种观点并不严谨。

◀ 广阔的宇宙空间

最不可思议的**宇宙未解之谜**

宇宙是否**有始无终**

> 宇宙最初像个小豌豆？
> 宇宙最终会变成什么样子呢？

今天，得到科学界普遍认可的宇宙诞生学说是"宇宙大爆炸"理论。然而，大爆炸之前的宇宙又是怎样一副情景呢？宇宙最终又会变成什么样子呢？对于这个问题，天文学家们各持己见。

"宇宙有始而无终"，这是霍金对宇宙的起源和归宿问题提出的最新见解，这一观点的理论基础则是霍金提出的"开放暴胀"理论。他认为，宇宙最初的模样是一个豌豆大小的物体，悬浮于一片没有时间的真空。而且，豌豆状的宇宙在大爆炸前经历了被称为"暴胀"的极其快速的膨胀过程。另外，霍金还根据"开放暴胀"理论推断，宇宙最终将无限地膨胀下去。

霍金提出的新观点在科学界引起了不同的反应。俄罗斯物理学家林德对霍金的理论提出了批评，他认为，宇宙自始至终都存在，试图发现一个起点和所谓的终点是没有意义的。而英国的一些著名天文学家则出言谨慎。他们指出，霍金的新理论完全是按照物理学定律推算出的结果，它是否揭示了宇宙的本质还有待于实际观测的检验。

▽ 神秘的宇宙

少年探索·发现系列

宇宙会死亡吗

未来，宇宙会变成什么样子呢？
当宇宙的"生命"走到尽头，它会发生大爆炸，还是逐渐消亡？

人们常常会问：宇宙有没有终结的一天？宇宙又将会如何终结？通过观测，科学家们认为，宇宙最终不是会变成一团熊熊燃烧的烈火，就是会逐渐转化为永恒的、冰冷的黑暗。因为，根据"大爆炸"理论，宇宙的命运将取决于两种相反力量长时间进行"拔河比赛"的结果：一种力量是宇宙的膨胀，在过去的100多亿年里，宇宙的膨胀一直在使星系之间的距离拉大；另一种力量则是宇宙中存在的万有引力，它会使宇宙膨胀的速度逐渐放慢。如果万有引力强大得足以让膨胀最终停止，宇宙就会爆炸，最终变成一个大火球。相反，如果万有引力不能够阻止这种膨胀，宇宙就会变成一个漆黑的、寒冷的世界，逐渐消亡。

显而易见，任何一种结局都在预示着生命的消亡。不过，人类现在还不能对膨胀和万有引力做出精确的估测，更不知道谁将会是最后

宇宙探秘录 Universe

宇宙的未来会由"孤岛"组成？

有人认为：当宇宙的膨胀速度超过光速的时候，那些来自其他星系团的光线将再也无法到达地球。这意味着，未来各星系之间的距离可能会越来越远，最后变成一个个"孤岛"漂浮在宇宙中。

的胜利者,天文学家的观测结果仍然存在着许多不确定因素。这种不确定因素又是什么呢?科学家指出,最初促使宇宙膨胀的推动力可能非常强大,其速度比光速要快得多。在诞生之初的高速膨胀结束后,宇宙的膨胀速度开始减慢。然而现在的观测显示,促使宇宙高速膨胀的推动力也许并没有完全消失,它可能还存在于宇宙空间,而且还在发挥作用。这一观测结果表明,宇宙的膨胀速度可能会受到推动力的影响。

▲ 正在膨胀的宇宙

倘若真是这样的话,决定宇宙未来命运的就不仅仅是普通的膨胀和万有引力,可能还与最初促使宇宙高速膨胀的推动力有关。而且,宇宙又将会在什么时候终结自己的"生命"呢?虽然科学家推测它将发生在1000亿年以后,但这也只是建立在理论研究的基础上。可以说,正是这些因素使宇宙的未来变得更加扑朔迷离。

少年探索·发现系列

寻找暗物质

> 我们能看到暗物质吗?
> 暗物质是什么东西?

顾名思义,暗物质就是人类无法直接观测到的物质。今天,绝大多数科学家都认为,广袤的宇宙是由暗物质、暗能量以及我们人类能感知到的正常物质组成的。其中,正常物质最少,只占4%;暗物质其次,占有23%的比例;其余的都是暗能量。

▲ 宇宙中存在着暗物质。

早在20世纪30年代,荷兰天体物理学家奥尔特就注意到,银河系圆盘中可能有占银河系总质量一半的暗物质存在。到了20世纪70年代,一些天文学家的研究证明,星系的主要质量并不是集中在它的核心部分,而是均匀地分布在整个星系中。这就暗示人们,在星系晕中一定存在着大量看不见的暗物质。那么,这些暗物质又是些什么东西呢?

天文学家推测,暗物质中有少量是所谓的重子物质,如极暗弱的褐矮星、大行星、恒星残骸、小黑洞、星际物质等。相对而言，绝大部分暗物质是非重子物质，它们都是些具有特异性能的、质量很小的基本粒子，如中微子、轴子及仍处于探讨阶段却尚未观测到的引力微子、希格斯微子、光微子等。

2006年，英国剑桥大学天文研究所的科学家们第一次成功确定了暗物质的部分物理性质。他们借助强功率天文望远镜对距离银河系不远的矮星系进行了长达23夜的研究。观测表明，在所观测的矮星系中，暗物质的含量是其他普通物质的400多倍。此外，这些矮星系中物质粒子的运动速度可达9千米/秒，其温度可达10000℃。同时，科学家们还观测到，暗物质与其他普通物质有着巨大的差异，领导此项研究的杰里·吉尔摩教授提出，在此之前，科学家们一致认为暗物质应该是由一些"冷"粒子构成的，它们的运动速度并不会太高。然而观测结果却否定了这一点。

大约在20世纪50年代前，人们第一次发现了暗物质存在的证据。虽然它的结构、组成至今还是一个谜，但我们相信，随着科学技术的发展，对暗物质的研究定然会有新的突破。

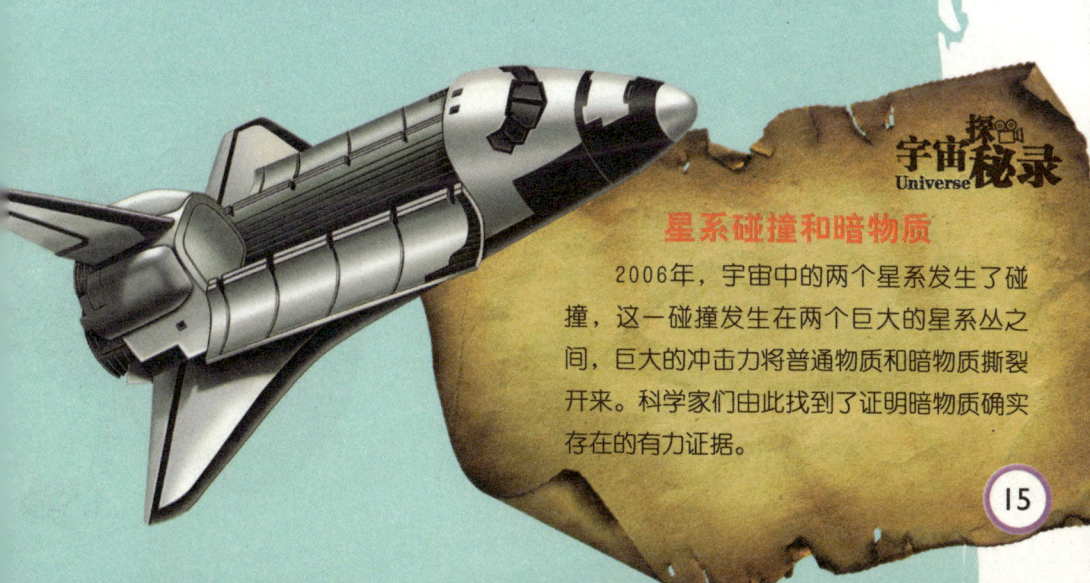

宇宙探秘录 Universe

星系碰撞和暗物质

2006年，宇宙中的两个星系发生了碰撞，这一碰撞发生在两个巨大的星系丛之间，巨大的冲击力将普通物质和暗物质撕裂开来。科学家们由此找到了证明暗物质确实存在的有力证据。

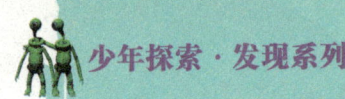

少年探索·发现系列

探寻宇宙中的反物质

什么是反物质？
宇宙中有反恒星和反星系吗？

当你照镜子时，镜中的那个"你"如果真的存在并出现在你面前，会是怎样一种情景呢？在科学家们看来，镜中的那个"你"就是"反你"。同样的，反物质是和物质相对的一个概念。我们知道，自然界里的物质都是由质子、中子和电子组成的，这些粒子被称为基本粒子。其中，质子带正电荷，电子带负电荷。然而，早在20世纪30年代初，就有人发现了带正电的电子，这是人类认识反物质的第一步。到了20世纪50年代，随着反质子和反中子的发现，人们开始明确地意识到，任何基本粒子在自然界中都有相应的反粒子存在。有的科学家由此提出，反质子、反中子和反电子如果像质子、中子、电子那样结合起来，就会形成反原子，而由反原子构成的物质就是反物质。

这个观点立即引起了轩然大波。如果真的有反原子存在，而且我们正物质世界有多少种原子，在反物质世界中也就有多少种反原子，那么大量的反原子就可以构成由反物质组成的恒星和星系。如果宇宙中的正反物质为等量，那这样的反恒星和反星系就应当存在。然而，宇宙

人类发射的探测器

> 如果反物质真的存在，是不是就会有和星系相对应的反星系存在呢？

最不可思议的宇宙未解之谜

中真的有反恒星和反星系吗？

我们的宇宙是由大量星系构成的，星系之间并不是真空的，而是弥漫着稀薄的气体。因此，如果正、反物质星系同时存在，那么它们必定会相遇，相遇时两者就会湮灭，这种湮灭过程是能够通过对γ射线的观测来发现的。然而，科学家们并没有发现相应的γ射线存在。

在这样的结果面前，人们的看法分成了两种。一种认为宇宙中的正反物质应当是等量的，需要从更远处去寻找反物质存在的证据。另一种却认为，事实已暗示，宇宙中没有大量的反物质存在，需要的是从宇宙的演化中去寻找造成今天没有反物质的原因。1998年的夏天，美国宇航局把阿尔法磁谱仪送上了太空，它的主要任务之一就是寻找宇宙射线中的反物质，希望它能帮助人类彻底揭开反物质之谜。

> 有的科学家认为，反物质世界是存在的。

宇宙探秘录 Universe

阿尔法磁谱仪

阿尔法磁谱仪是人类送入宇宙空间的第一个大型磁谱仪，于1998年6月2日至12日由美国"发现号"航天飞机搭载，成功地进行了首次飞行。它的研制工作是由美籍华裔物理学家丁肇中教授提出并领导完成的。

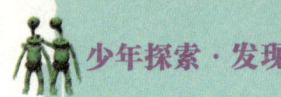

少年探索·发现系列

宇宙射线从哪里来

宇宙射线是超新星爆发放射出来的吗？
黑洞是不是宇宙射线的"家"？

宇宙射线，指的是来自宇宙中的一种具有相当大能量的带电粒子流。它是由德国科学家韦克多·汉斯在测定空气电离度的实验中发现的。观测表明，宇宙射线主要是由质子、氦核、铁核等组成的高能粒子流，这其中也包含了能穿过地球的中微子流。它们在宇宙空间得到加速和调制，其中的一些最终会穿过大气层到达地球。

宇宙射线可以分为原宇宙射线和次级宇宙射线两大类，它能引发许多目前无法用人工实现的核反应和基本粒子转变过程，而且它还可能与太阳和某些恒星的活动以及各种地球物理现象有密切关系，所以人类必须加强对宇宙射线的研究。然而一直到现在，科学家们

宇宙探秘录 Universe

宇宙射线与全球变暖

近日，有科学家提出，全球变暖问题很可能与宇宙射线有直接关系。他们认为，当宇宙射线较少时，大气中产生的云层就少，这样，太阳就可以直接加热地球表面，促使温度升高。

◇ 有科学家认为，宇宙射线的产生可能与超新星爆发有关。

最不可思议的宇宙未解之谜

都没有完全找到宇宙射线的来源。有一种观点认为，宇宙射线的产生可能与超新星爆发有关。支持这一观点的科学家认为，宇宙射线产生于超新星大爆发的时刻，"死亡"的恒星在爆发时会放射出大能量的带电粒子流，射向宇宙空间。另一种说法则认为，宇宙射线来自于爆发之后的超新星残骸。

◎ 最新观测表示，宇宙射线可能来源于黑洞。

2007年，来自17个国家的370多名科学家在阿根廷的皮埃尔－奥格天文台进行长期观察后，得出了这样一个结论：宇宙射线可能是由位于邻近星系心脏地带的巨大黑洞放射出来的。因为，这些射线在宇宙中并没有均匀分布。相反，它们似乎是来自物质密集的星系中心地带，而那里正是黑洞的所在地。另外，黑洞周围的磁场也许会提高宇宙射线的速度，这可以解释为什么宇宙射线会有如此大的能量。

据报道，皮埃尔－奥格天文台拥有24个望远镜和1600个探测器。在设计上，这个天文台能够探测数十亿个由次级粒子形成的"粒子雨"，而粒子雨就是在宇宙射线"光临"地球时形成的。因此，一些科学家对这项研究发现表示出了认可。来自芝加哥大学的詹姆斯·克罗宁教授声称，他们将会进行下一步的观测，希望能找出宇宙射线的产生地以及它们的加速方式，便于彻底揭开这一谜团。

▷ 来自太空的宇宙射线，影响着地球上的生命。

少年探索·发现系列

黑洞形成之谜

黑洞就是一个大黑窟窿吗？
黑洞是不是晚年的恒星变成的？

"黑洞"二字很容易让人望文生义地想象成一个"大黑窟窿"，其实不然，所谓"黑洞"，就是一种天体，它的引力是如此之强，甚至连光都不能逃脱。由于黑洞中隐匿着巨大的引力场，这种引力之大，连从其他星体上发射出去的光都被它牢牢"抓住"，不能反射回来，我们的眼睛因此看不到这一区域内的任何东西，只是漆黑一片。既然连宇宙中"跑"得最快的光都不能从黑洞中逃离，那就是说，一切东西只要被吸了进去，就再也无法逃脱，就像掉进了无底洞。这就是它被称为"黑洞"的原因。

与别的天体相比，黑洞显得太特殊了。比如，黑洞有"隐身术"，人们无法直接观察到它，科学家们只能凭借想象对它的内部结构做出各种猜想。黑洞既然如此神奇，那么它究竟是怎样形成的呢？科学家们推测，黑洞很可能是

> 黑洞可能是恒星演化到晚期的产物。

宇宙探秘录 Universe

人类确认的第一个黑洞

1965年，科学家们在天鹅座发现了一个X射线源，它被命名为"天鹅座X-1"。观测证实，"天鹅座X-1"是一个黑洞。它也是被人类确认的第一个黑洞。

最不可思议的宇宙未解之谜

由质量大于太阳质量20倍的恒星演化而来的。

当一颗恒星衰老后，热核反应已经耗尽了它自身的燃料，由中心产生的能量也越来越少。这样，它再也没有足够的力量来承担外壳巨大的重力。所以，在外壳的重压之下，核心开始坍缩，直到最后形成体积小、密度大的星体，重新与压力保持平衡。在这个过程中，质量小的恒星主要演化成白矮星，而质量比较大的恒星则有可能形成中子星。根据科学家的计算，中子星的总质量不能大于三倍太阳质量，如果超过了这个值，那么将再也没有什么力能与自身的重力相抗衡，只会引发另一次大坍缩。

如果遇到这样的情况，物质将不可阻挡地向着恒星的中心点"进军"，直至形成一个体积很小、密度很大的星体。当它的半径收缩到一定程度（小于史瓦西半径）时，就会像我们上面介绍的那样，巨大的引力会让光也无法向外射出，从而切断了恒星与外界的一切联系，"黑洞"由此诞生。

"黑洞"无疑是20世纪最具挑战性、也最让人激动的天文学说之一。不过，关于黑洞的成因，至今仍处于假说阶段。要想真正揭开黑洞的奥秘，还需要我们人类的不断努力。

▶ 人类对宇宙的探测从未停止。

少年探索·发现系列

白洞探奇

> 宇宙中有白洞存在吗?
> 如果从黑洞进去,是不是就可以从白洞出来?

科学家们曾大胆地猜测:既然宇宙中存在黑洞,那会不会同时也存在一种只出不进的天体呢?他们给这种天体取了个与黑洞相反的名字,叫"白洞"。

科学家们猜想,白洞也有一个与黑洞类似的封闭的边界,但与黑洞不同的是,白洞内部的各种物质和辐射只能向边界外部运动,而白洞外部的物质和辐射却不能进入其内部。形象地说,白洞好像一个不断向外喷射物质和能量的源泉,却不吸收外部的物质和能量。

但是到目前为止,白洞还仅仅是科学家的猜想,人们并没有观察到任何表明白洞可能存在的证据。不过,最新的研究表明,白洞有可能就是黑洞本身!也就是说,黑洞在这一端吸收物质,白洞却在另一端喷射物质,它们就像一个巨大的、连通的管道。事实是不是如此,还有待科学家们的观测和研究。

黑洞和白洞是最有吸引力的研究课题之一,尽管现在我们对它们还不甚了解,但我们相信,打开宇宙之谜这扇大门的钥匙就藏在它们身后。

> 黑洞与白洞是否真的共存于宇宙中呢?到现在还是一个谜。

最不可思议的宇宙未解之谜

穿越虫洞可能吗

> 虫洞是时空隧道吗？
> 穿过虫洞，我们是不是就可以从地球到其他星系旅行？

80多年前，爱因斯坦提出了有关虫洞的理论。那么，虫洞究竟是什么，它有哪些作用？关于这个问题，科学家们提出了各自的看法。

一种理论认为，虫洞就是连接白洞和黑洞的"桥梁"，它可以在黑洞与白洞之间传送物质。还有一些科学家认为，虫洞是一个时空隧道。一旦进入了这个隧道，就可以进行时间旅行。但是，在这个时空隧道中，你只能像看电影一样看过去发生了的事情，却无法对它们进行改变。还有人提出，虫洞是连接宇宙遥远区域间的时空细管，它甚至可以被实际运用在太空航行上。根据美国华盛顿大学的研究人员计算，一种被称为"负质量"的物质可以用来控制虫洞，它能扩大虫洞原本细小的空间，使宇宙飞船从中穿过。如果这一理论能够成为现实，那么，只需要一瞬间，我们就可以穿过虫洞从地球到其他星系旅行。

其实，上面的这些观点都还停留在理论阶段，很多问题并没有得到解决。希望在不久的将来，虫洞之谜能够破解。

▶ 虫洞能否成为星际旅行的通道？

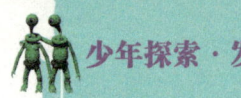

星系究竟从何而来

星系的前身是由氢原子和氦原子形成的云吗？
是不是黑洞导致了星系的形成？

每当我们遥望星空时，横贯天际的银河总能让人欣然神往。如果我们仔细观察，就能看出银河实际上是由许许多多星星组成的。在天文学中，这种由千百亿颗恒星以及分布在它们之间的星际气体、宇宙尘埃等物质组成的，空间距离达到了成千上万亿光年的天体系统，就叫作"星系"。我们看到的银河其实就是银河系的一部分。

关于星系，人类虽然已经做过了大量的研究和观测，但对于"星系是怎样形成的"这个问题，却很难做出准确的回答。有一种观点认为，按照宇宙大爆炸理论，在宇宙诞生后的第1秒钟，大量质子、中子和电子就形成了。100秒后，质子和中子开始结合成氦原子核。在不到2分钟的时间内，构成自然界的所有原子的成分就都已经形成。在接下来的30万年里，宇宙会逐渐冷却，其温度会使氢原子核与氦原子核足以俘获电子而形成原子。接着，这些原子会在引力作用下缓慢聚集成巨大的纤维状的云。

有人认为，星系的核心是黑洞。

🔺 关于星系的形成，人们有不同的观点。

大爆炸发生过后10亿年，由氢原子和氦原子形成的云开始在引力作用下集结成团。随着云团的成长，初生的星系（原星系）开始形成。接着，原星系会开始缓慢自转。一些自转较快的原星系形成了盘状，其余的就大致成为了椭圆形的球体。可以说，较为"成形"的星系就这样诞生了。

但是，有关计算结果证明，单靠引力的作用不可能聚集成星系那么大质量的天体。于是有人认为，星系的核心是黑洞，是它以强大的引力把弥漫物质吸引到周围形成了星系。

另外还有一种观点认为，在宇宙大爆炸的过程中，可能有一些物质延迟爆炸，形成了一个延迟核。延迟核与白洞相似，它可以把其中的物质全都抛射出来。当延迟核开始爆炸时，它抛射出来的物质的密度要比周围物质的密度大得多，正是这些被抛射出来的物质形成了星系。

除了以上的观点外，关于星系形成的原因，还有着别的说法。但是，它们无一例外都停留在假说阶段，星系究竟是怎样形成的，这个谜团还等待着人类的继续探索。

星系的种类

1925年，天文学家哈勃根据星系的形态把它们分成三大类，即：椭圆星系、旋涡星系和不规则星系。其中，椭圆星系分为七种类型，而旋涡星系又分为棒旋星系和正常旋涡星系两大类。

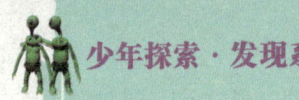

星系可以"养育"星系吗

> 星系"生产"恒星的速度会不会越来越慢?
> "养育"理论正确吗?

天文学家一直在猜测,一个典型的星系一开始可能是螺旋状的,还会不断向外喷出恒星。随着时间的流逝,这一星系会与其他螺旋状或不规则星系发生融合。最终,这一星系会放慢生产恒星的速度,并变成椭圆形。这一假说被称为星系"养育"理论。

▲ 宇宙中的星系

根据所生产恒星的活性高低,天文学家将星系分为蓝色星系(生产恒星能力强)和红色星系(生产恒星能力弱)两大类。"养育"理论认为,蓝色星系之间会彼此融合,最终放慢生产恒星的速度,成为红色星系。许多科学家认为,如果这一理论是正确的,那么宇宙中就应该存在着一定量的正处在从蓝色向红色转变过程中的年轻星系。在最新的研究中,美国加州理工学院的科学家们利用星系演化探测器搜集了大量星系资料,发现了为数不少的年轻星系。他们认为,这一事实支持了星系"养育"理论。

但是也有科学家认为,目前我们人类对星系的形成原因、发展过程还处于假说阶段,实际观测结果也存在着需要继续考证之处。现在就肯定星系"养育"理论的正确性,还为时过早。

◀ 星系"养育"理论是否正确,现在还不能肯定。

最不可思议的宇宙未解之谜

星际分子之谜

> 星际分子是一种什么样的物质?
> 星际分子大都分布在哪里?

星际分子就是存在于星际空间的无机分子和有机分子。在20世纪30年代,科学家们就已经发现了第一种星际分子,接着又发现了氢分子和水分子的存在。到了1979年底,科学家们已经辨认出的星际分子超过了50种,其中大部分都是有机分子。探测表明,星际分子大都分布在星际空间中物理条件不同的各个区域,如银心、电离氢区和中性氢区、星周物质、暗星云、超新星遗迹和红外星的附近。

星际分子的研究对于天体演化学、银河系结构学、宇宙化学等学科都有着重要意义。弄清它们的形成过程以及它们同地球生命起源的关系,可以帮助我们揭开生命起源的奥秘。然而,令科学家们感到困惑的是,有些星际分子在地球上根本找不到。而且,人们到现在也还没有掌握星际分子的形成过程及其化学演化程序。虽然有人认为,星际分子可能是由电离的分子(原子)碰撞形成的,或者是靠气体云中的尘粒帮助形成的,但实际情况究竟如何,到现在都还是一个谜。

◀ 星际分子的形成过程至今还是一个谜。

揭秘银河系的起源

> 银河系是不是起源于一个巨大的气体球?
> 银河系是由许多气体云互相碰撞形成的吗?

随着天文观测技术的进步,人们对银河系已经有了一个比较科学的认识。但关于银河系的起源,科学家们各持己见,这其中又以"气云凝聚说"和"混沌诞生说"最具代表性。

1962年,美国加利福尼亚州帕萨丁那市的三位天文学家综合了20世纪50年代的许多发现,研究了221颗邻近恒星的运动,提出了关于银河系形成的"气云凝聚假说"。

这一假说认为,银河系起源于一个密度均匀、迅速坍缩的巨大气体球。在坍缩过程中,一些气体云冷凝并收缩,形成了银河系的首批恒星——银晕恒星。当气体云进一步向银心坍缩时,就集合成为迅速自转的银盘。接着,银盘中开始形成新的恒星。几十亿年后,太阳系诞生。

1978年,帕萨丁那卡内基天文台的科学家,在研究了外银晕中距

◀ 从不同的角度看银河系。
上为侧视,下为俯视。

银河系简介

银河系是我们太阳所处的恒星系统,因其在天球上的投影像条河而得名。俯瞰银河系,它的形状像一块铁饼,从侧面看则像一块中间厚、边缘薄的凸透镜。另外,银河系还有四条旋臂。

最不可思议的宇宙未解之谜

离我们大约25000光年的19个球状星团中的177颗红巨星的化学成分后,发现它们的年龄相差很大,他们由此提出了银河系"混沌诞生说"。这一观点认为,银河系是由许多气体云在一定时间内互相碰撞形成的。近年来的一些观测结果都证明了"混沌诞生说"的正确。如玉夫座的NGC288和杜鹃座的NGC362,它们是两个相邻的球状星团,但根据它们一些成员星的光谱分析得出的碳、氮、氧和铁的含量,表明它们的年龄相差达30亿年。这说明银河系是由许多气体云在20亿或30亿年间,互相碰撞、吞食形成的。

因为这两个学说都有一定的道理,而且也得到了或多或少的观测证实,所以学术界曾有人对它们这样评论:"气云凝聚说"和"混沌诞生说"都在不同程度上掌握着真理,没有一方是绝对正确的,也没有一方是绝对错误的。在银河系的形成问题上,应该兼顾两方面的观点。然而,我们更期待有一个更为准确的理论来解释银河系起源的奥秘,也许在不久的将来,这一谜团终究会被人类破解。

▲ 用电波观测到的银河系

▲ 关于银河系的起源,科学家们各持己见。

少年探索·发现系列

银河系的年龄有多大

关于银河系的年龄，现在有哪些说法？
科学家是如何推算银河系的年龄的？

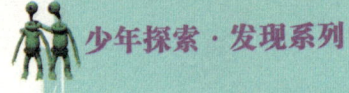

长期以来，天文学家对银河系的年龄说法不一。有的认为只有70亿岁，有的认为有200亿岁。1983年，两位美国科学家使用一种新的测量技术对银河系的年龄进行了反复测算，结果最后测定银河系的年龄接近120亿岁。

2007年，美国芝加哥大学的助理教授尼古拉斯·道法斯在《自然》杂志上报告说，他设计的一种新方法可以作为"宇宙钟"，计算我们银河系的年龄。他用这种方法计算出，银河系的年龄大概在145亿岁左右，上下误差各有20多亿年。道法斯是结合了陨石中铀/钍丰度（一种用重量百分比表示所研究元素相对含量的方法）的数据，以及天文学家最近观测到的银河系外围球形星团中一颗古老恒星的铀/钍丰度数据，再结合铀和钍的衰变速度，推算出了银河系的年龄。

但是，这一判断目前还存在着很大争议。反对者认为，银河系的年龄大概为136亿年，应该比宇宙大爆炸稍微晚一些。不同的数据让人们对银河系的年龄越来越疑惑。看来，要想得到一个准确的答案，还需要科学家的不断探索。

▶ 关于银河系的年龄，还没有一个确切答案。

最不可思议的宇宙未解之谜

银河系的中心有黑洞吗

在人马座A*中,是不是真的有一个黑洞存在?未来,黑洞会"吞"掉银河系吗?

科学家经过观测发现,银河系的核心在人马座方向,这里是恒星特别密集的区域,大约有1000亿颗恒星拥挤在一起。由于银河系中心的红外线和射电波信号很强,而天文学家也探测到了这个地方的射电源,所以有人认为,银河系的中心有一个质量很大的黑洞。

2005年,科学家们经过长达8年的研究,得出了这样一个结论:在位于银河系中心的人马座A*中,有一个超大质量的黑洞。人马座A*的直径仅为1.5亿千米,科学家们由此推算出了该天体的巨大密度,有力地支持了人马座A*存在超大质量黑洞的推断。

但是也有人认为,如果银河系的中心是黑洞的话,那它必定会不断地吞噬周围的宇宙物质。当它的质量越来越大时,它的引力也就越来越大,最终它会将整个银河系都吞噬掉!如果是这样,那未来的银河系岂不是会成为黑洞的一部分?所以他们认为,银河系的中心不可能是黑洞。

现在看来,虽然双方各执一词,但都还没有拿出确凿有力的证据来证明自己的观点。银河系的中心究竟有没有黑洞,还需要进行进一步的研究。

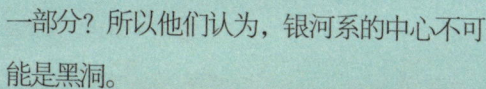
银河系的中心是不是真的有黑洞?

少年探索·发现系列

大恒星是怎样形成的

> 大恒星是不是靠"吃掉"较小的原恒星形成的?
> 大恒星是通过引力坍缩形成的吗?

在银河系中,类似于太阳这样的恒星大约有2000多亿颗,那些大恒星的质量甚至与100颗类似于太阳的小恒星相当。然而,这些庞然大物究竟是如何形成的呢?

一些科学家认为,大恒星是在拥挤的恒星形成区中,靠吞噬较小的原恒星而迅速"成长"起来的。不过,最近一项新的发现却指出,大质量恒星是在一片由星际气体云构成的盘状吸积中,通过引力坍缩形成的。

针对以上两种观点,哈佛-史密森天体物理中心的天文学家尼莫斯·帕特尔说:"我们已经发现了大质量恒星周围存在吸积盘的一个明确例证,这支持了后一种观点。"帕特尔和同事们研究了一颗大约为15倍太阳质量的年轻原恒星,它位于仙王座方向,距离我们超过

▽ 有人认为,大恒星是靠吞噬较小的原恒星"长大"的。

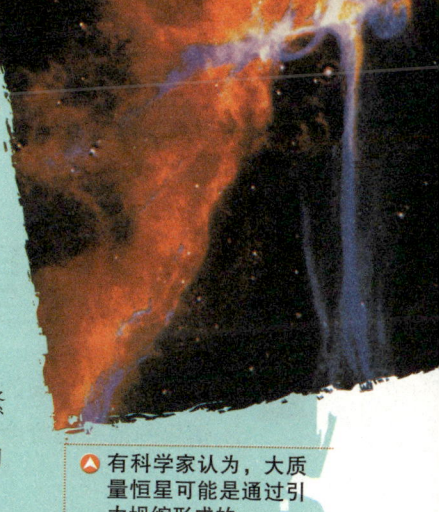

2000光年。他们发现，一个扁平的物质盘围绕着这颗原恒星旋转。这个物质盘包含的气体质量相当于太阳的1～8倍，向外延伸到480亿千米以外。这个物质盘的存在，为引力坍缩提供了明确的证据。因为当一个自转的气体云坍缩，变得更密集、更紧凑时，一个气体盘就会形成。这证明这个原恒星的形成过程与太阳的形成过程相同。

▲ 有科学家认为，大质量恒星可能是通过引力坍缩形成的。

研究小组还在一颗大质量原恒星HW2的周围，检测到了一个引力束缚盘。另外，射电观测还在HW2的周围发现了一个离子气体双瓣喷流，这是在小质量原恒星周围经常被观测到的一种外流。科学家们认为，吞并小质量原恒星无法形成一个环绕恒星的盘和一个双瓣喷流。所以，观测结果恰好证明大质量恒星是通过盘状吸积，而不是吞并一些小质量原恒星形成的。

尽管以上两种观点都有充分的观测和理论依据，但它们都存在着不足之处，所以现在还不能确定哪一种观点完全正确。但是，探索宇宙之路是永无止境的，相信终有一天人类会揭开有关大恒星形成的奥秘。

▼ 恒星常常会以双星或者是星团的形式存在。图为盾牌座内的野鸭星团。

恒星简介

恒星是宇宙中靠自身核聚变产生的能量发热发光的气态星体。它们会按照一定的轨迹，围绕着其所属星系的中心旋转。大多数恒星的内部都具有高温、高压、超密态等许多极端的物理特性。

探秘恒星的最高温度

太阳是温度最高的恒星吗?
恒星的最高温度会达到多少呢?

平时人们所说的恒星温度,一般指的就是恒星的表面温度。然而,恒星的温度最高能达到多少,人们一直都没有找到答案。

任何恒星都具有一种在其自身的引力作用下发生坍缩的倾向,当它坍缩时,它的内部会变得越来越热。如果它内部的温度越来越高,这颗恒星就会有发生膨胀的倾向。最后,当坍缩和膨胀达到平衡时,这颗恒星便形成了固定的大小。一颗恒星的质量越大,它自身的引力就越大,为了平衡引力引发的坍缩所需要的内部温度也会越高,结果造成了它的表面温度非常高。

△ 织女星的表面温度达到了8900℃。

太阳是一颗中等大小的恒星,它的表面温度大约为6000℃。质量比它小的恒星,其表面温度也比它低,有一些恒星的表面温度只有2500℃左右。而质量比太阳大的恒星,其表面温度也比太阳高,可达到10000℃、20000℃,甚至更高。

在所有已知的恒星中,质量最大、温度最高、亮度最大的恒星,其稳定的表面温度至少可达50000℃,甚至可能更高。也许可以大胆地说,恒星

◁ 宇宙中有很多温度极高的恒星。

> 从图中可以看到，轩辕十四位于狮子座的心脏位置，它的表面温度大约为12200℃。

的最高表面温度可以达到80000℃。

恒星的内部温度比其表面温度要高得多。经过探测发现，太阳的中心温度大约为$1.5×10^7$℃。如果是这样的话，那些质量比太阳大的恒星，它们不但表面温度更高，中心温度也同样会更高。有一些天文学家曾计算出，在整个恒星爆炸的前夕，其核心温度甚至可以达到$6×10^9$℃。

在我们能观测到的恒星中，99%以上都和太阳一样，属于主序星。然而，对于那些不属于主序星的天体，它们的温度会有多高呢？例如脉冲星，它的温度可能会达到多少摄氏度呢？

有些天文学家认为，脉冲星的核心温度有可能会打破$6×10^9$℃的极限。此外，还有类星体，有人认为类星体可能是由数百万颗普通恒星坍缩形成的。如果真是这样，这种类星体的核心温度又会有多高呢？迄今为止，关于"恒星的最高温度是多少"这个问题，科学家们还没有得出一个准确的答案。相信随着空间观测的进步，有关恒星的温度之谜最终会被我们一一破解。

宇宙探秘录 Universe

恒星的颜色和温度

对于恒星来说，不同的颜色代表了表面温度的不同。一般说来，蓝色恒星的表面温度在10000℃以上，白色恒星表面温度为7700℃～11500℃，黄色恒星的表面温度为5000℃～6000℃。

少年探索·发现系列

"短命"的五胞胎星团

> 是恒星风暴"吹垮"了五胞胎星团吗？
> 为什么五胞胎星团中的恒星看上去会像一个个风车？

五胞胎星团是位于银河系中心附近的一个疏散星团，距离地球2.6万光年，是迄今为止发现的质量最大的疏散星团之一。它的实际年龄只有4万年，是一个相对年轻的星团。在这个星团中，有五颗很明亮的红色恒星，它们纷纷由尘埃包裹，外形就像螺旋状的风车，看上去非常美丽。

多年来，五胞胎星团似乎一直披着一层神秘的面纱，让人们难以看清它的真面目。首先让人感到疑惑的就是，星团外围为什么会包裹着尘埃层，它们又是由什么物质组成的呢？而且，有科学家过去曾预言，可能是受到银河系中心的引力作用，尽管这五颗恒星的质量至少是太阳的25倍，但这个星团仍然有可能在数百万年后解体。如果这个预言是真的，那么，为什么它们有如此巨大

◆ 五胞胎星团解体之谜，还需要人类的继续探索。

的体积却只有这样短暂的生命？这些谜题一直困扰着人们，直到2007年，科学家总算给出了比较合理的解释。

澳大利亚悉尼大学的彼得·图希尔和美国纽约罗彻斯特理工大学的唐纳德·菲戈一直在从事这项研究。他们使用位于夏威夷的凯克望远镜进行观测，结果发现，五胞胎星团中至少有两颗恒星彼此形成了双星体系，而且这些恒星的周围还形成了螺旋状的尘埃层。菲戈认为，螺旋状外形是由双星体系彼此影响造成的，它们其中必定有一个是沃尔夫·拉叶星，这种星体会向外吹出速度高达每秒2000千米的恒星暴风。恒星暴风会使两颗恒星彼此吸引牵制，最终在周围形成风车般的螺旋外形。同时，由于它们彼此都受到了高速恒星风的影响，其体积会逐渐减小，失散的物质形成了周围的尘埃层，发展到最后，恒星就会彻底解体。

这真的就是五胞胎星团"短命"的原因吗？有的科学家对此结论仍然持保留态度。他们认为，彼得·图希尔和唐纳德·菲戈的观测结果与推论还需要仔细分析。看来，这一推论究竟是不是事实，还需要继续探究。

星团

星团是由10个以上的恒星组成的、被各个成员星之间的引力束缚在一起的恒星群，可分为疏散星团和球状星团两大类。现在，银河系中已发现的球状星团有150多个，疏散星团有1000多个。

少年探索·发现系列

超新星从哪里来

> 超新星是新生成的恒星吗?
> 恒星为什么会爆炸?

公元1054年7月4日,东方天空中突然出现了一颗非常明亮的星星。它光芒四射,连金星都不能与它相媲美。23天之后,这颗星星开始变暗,但用肉眼仍能看到。一直过了大约两年的时间,它才从人们的视线中消失。这颗神秘的星星就像一位太空游客,来也匆匆,去也匆匆。于是,我国宋朝的天文学家称它为"客星"。

到了18世纪,有个英国人用望远镜观测天空的时候,在客星出现过的位置上,他看到了一团模糊的气体云,样子活像一只张牙舞爪的螃蟹,于是人们给它取了一个名字叫"蟹状星云"。后来,天文学家经过考证认为,"客星"出现就是超新星爆发,而蟹状星云就是它爆发时抛射出来的气体云。

▼ 有人认为,超新星可能诞生于恒星爆发。

其实,超新星并不是新生成的恒星,它们早就存在于宇宙空间,只不过我们人类无法观测到而已。由于某种原因,一些恒星突然产生了爆炸,亮度一下子增长了上万倍,随后又逐渐变暗,这种星星叫作"新星"。而那些爆炸时亮度极为出众的新星,就被称为"超新星"。

宇宙探秘录 Universe

中国科学家发现的超新星

北京天文台的李卫东博士在1996年发现了两颗银河系以外的超新星——SN1996W和SN1996Bo。其中,SN1996W是1996年国内外发现的最亮的一颗超新星。

那么,恒星为什么会爆炸呢?实际上,恒星也会经历诞生、成长、衰老和死亡。当恒星步入"老年"时,它就会处于一种很不稳定的状态。是什么原因造成了这种不稳定状态呢?很多科学家对此进行了猜测和设想。有人认为,恒星本身受到了两个力量的影响,即向外的压力和向内的引力。在正常情况下,这两个力是平衡的。当恒星进入老年后,向外的压力会大大减少,巨大的引力就会使得恒星向中心猛然坍缩,并放射出巨大的粒子流。它们会像飓风一样瞬间将恒星摧毁,并放射出巨大的能量,于是我们就看到天空中有一颗星星突然变亮了。

今天,人们已经发现了越来越多的超新星,但对于它们形成的原因,却仍然处于猜想阶段,仍然没有找出真正的谜底。

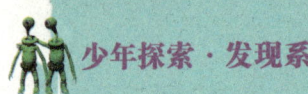

"藏起来"的中子星

> 恒星爆炸真的会产生中子星吗?
> 中子星究竟藏在哪里呢?

1987年2月23日,天文学家目睹了400多年来最明亮的一起恒星爆炸事件。在随后的几个月里,这颗被称为1987A的超新星一直光彩夺目,亮度相当于1亿颗太阳。这颗超新星距离地球16.3万光年,位于大麦哲伦星云中。事实上,它是在公元前16.1万年左右爆发的,但它的光直到1987年才抵达地球。

根据人类现在掌握到的天文学知识,当一颗大质量恒星爆炸时,它会留下某种致密天体,这种天体不是一颗中子星,就是一个黑洞,其结果依赖于前身恒星的质量。也就是说,较小的恒星会演变成中子星,而较大的恒星则会演变成黑洞。

然而,一直到了2005年,天文学家们也没有找到这颗恒星死亡时"创造"出来的黑洞或者是中子星。尽管恒星爆炸的冲击波点亮了周围的气体尘埃云,但它似乎并没有留下

中子星简介

中子星是处于演化后期的恒星,当老年恒星的质量大于10个太阳质量时,它就有可能演化成一颗中子星。典型的中子星密度高、自转速度非常快。

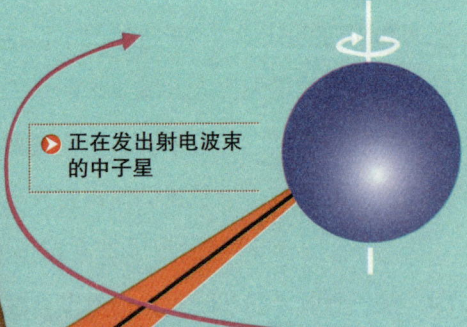

▷ 正在发出射电波束的中子星

任何核心残骸，就连"哈勃"太空望远镜的锐利目光，都没能找到它。美国加州大学圣克鲁斯分校的天文学家吉纳维芙·格拉夫说："我们认为一颗中子星已经在超新星1987A中形成了。问题是，为什么我们没有看到它？那个失踪的中子星究竟在哪里呢？"

超新星1987A的前身恒星的质量是太阳的20倍，正好处于形成中子星或者黑洞的分界线上。但是，为什么科学家们认为这次恒星爆炸会形成一颗中子星呢？原来，经过仔细的观察和精密的计算，人们发现，这颗恒星的质量还"不够格"，虽然它爆炸后有可能会形成黑洞，但实际上，能真正形成黑洞的恒星，其质量往往比这颗恒星大得多。

既然大家都一致认为1987A中应该会有中子星存在，那为什么看不到它呢？天文学家彼得·查里斯推断说："这颗中子星可能不吸积物质，也不发出足够的光使我们能够看见。"而且，截止到目前为止，不管是"哈勃"太空望远镜还是"斯必泽"太空望远镜，所有的观测设备都没能检测到位于超新星1987A中心处的任何光源，因此这个问题至今仍无法解答。

少年探索·发现系列

破解**恒星爆炸**的秘密

> 恒星爆炸的能量从哪里来?
> 是恒星内部产生的声波炸掉了这颗恒星吗?

多年来,科学家们认为,超新星是大质量恒星耗尽核心燃料后,在自身重力的作用下开始引力坍缩时形成的。但是,引发恒星爆炸的能量究竟从何而来?这个问题直到现在还是一个谜。

2005年,对恒星爆炸的研究有了新的进展,美国亚利桑那大学的一个研究小组认为:坍缩恒星内部产生的声波蕴含着轰开整颗大质量恒星的能量。当恒星核心的密度与中子星的密度相同时,核心会产生激波。在传统观点中,这种激波是由核心涌出的大量中微子所激发的。这就是中微子机制。但是,中微子可以轻易地穿透物质,以至于它们几乎无法将它们的动量注入激波之中。也就是说,激波无法获得足够的能量,它们在还没有把恒星轰成碎片之前就消散了。

研究者发现,如果中微子无法完成任务,另一种机制就会出来顶替。当核心剧烈振荡时,下落物质的引力能会转化为声波。在声波向外传递的过程中,它们会相互冲击,融合成一个强大的激波,这样激波就会拥有强大的能量和动量,炸掉整颗恒星。这就是声波机制。

研究还表明,随着声波产生的激波撕开

◀ 想象画:恒星爆炸

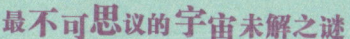

最不可思议的宇宙未解之谜

恒星的包层，它所创造的环境可以使得较轻的元素聚合起来，形成更重的元素，如金和铀。而且，在这种机制下产生的超新星遗迹是非对称的，这一特点也经常被科学家们观测到。这证明，从恒星内部产生的声波完全有可能会引发激波，并给它注入能量，使它得以炸掉整个恒星。但是，研究小组并没有完全反对中微子机制。他们认为，中微子机制可能对某些恒星是适用的，对其他恒星并不适合。如果它无法工作，声波机制就会接手，炸掉这颗恒星。

得克萨斯大学奥斯丁分校的一个研究小组也赞成声波机制这一说法。不过他们认为，声波是靠核心磁场的冲击产生的。

虽然恒星爆炸的能量来源仍是天体物理学中尚未解决的重大问题之一，但我们认为，以上这些新观点的提出，给问题的解决带来了曙光。希望有一天，人们能彻底解开这个宇宙谜团。

▼ 引发恒星爆炸的能量究竟来源于哪里呢？

宇宙探秘录 Universe

测量恒星的年龄

2006年，澳大利亚科学家提出，可以利用恒星的震动对恒星年龄进行测量。使用这种方式，首先可以帮助科学家确定恒星的化学成分和质量，而这些条件反过来又会告诉人们这颗恒星的年龄。

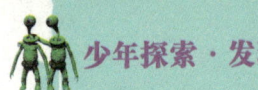

类星体的能量来自何方

> 类星体的能量是来源于超新星爆炸还是正反物质的湮灭？
> 类星体的中心是白洞还是黑洞呢？

类星体是一种光度极高、距离我们极远的奇异天体，因为它类似恒星而又并非恒星，所以才有了这样一个名字。类星体不但有着与其他星系明显不同的特点，而且还存在着许多令人难以解答的疑问。有关它的能量来源之谜，就是其中之一。

观测发现，类星体的发光能力极强，比普通星系要强上千百倍。更令人吃惊的是，类星体的直径只有一般星系的十万分之一，甚至百万分之一。为什么体积微小的类星体会产生如此巨大的能量呢？关于这个问题，有的天文学家曾猜测，类星体的能量可能来源于超新星爆炸。也有人提出，类星体的中心是一个巨大的黑洞。它不断地吞噬周围的物质，并辐射出巨大能量。甚至还有人提出，类星体的中心是白洞。白洞中心一带聚集的超密态物质，在向外喷射时与周围物质发生猛烈碰撞，从而释放出了巨大的能量。但是，以上这些说法仅仅停留在假说阶段，并没有得到实际观测的证实。看来，要想解开类星体能量来源之谜，还需要科学家的不断探索。

▶ 类星体光度极高，它类似恒星而又并非恒星。

[第二章]

探疑太阳系

说起天文学，首先要说的肯定是太阳系，因为它是我们人类的家园。现在，虽然我们对太阳系的研究已经有了相当的进展，但仍有很多问题没有得到准确的解释，成了困扰人类的一个个未解之谜。比如水星上有水吗？月球究竟"芳龄"几何？火星洞穴是怎么形成的？天王星为何"躺着"自转？……虽然我们现在还没有找到这些问题的准确答案，可我们相信，随着空间探测技术的发展，这些谜团最终会被我们一一破解。阅读本章，你将会感受到太阳系的伟大和神奇。

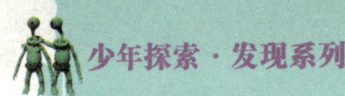
少年探索·发现系列

太阳系起源的假说

太阳系是不是起源于一团星云？
太阳"俘获"了身边的星际物质吗？

因为太阳系同人类的关系实在太密切了，所以两个多世纪以来，许多杰出的思想家、科学家都探讨过太阳系的起源问题。人们提出了一种又一种假说，累计起来，已经有40种之多。但其中影响比较大的，主要有以下几种观点。

太阳系的中心——太阳

18世纪时，德国天文学家康德提出了"星云说"。他认为，整个太阳系的物质都是由同一个原始星云形成的，星云的中心部分形成了太阳，外围部分则形成了行星。几十年后，法国天文学家拉普拉斯在康德的基础上提出了自己的观点。他认为，原始星云是气态的，灼热无比。它迅速旋转，先分离成圆环，圆环凝聚后才形成了行星，太阳的形成要比行星稍微晚些。尽管两人之间的观点有所区别，但大前提是一致的，因此人们便把这两人的观点统称为"康德-拉普拉斯假说"。

然而，"康德-拉普拉斯假说"无法解释太阳和行星之间的动量矩的分配问题，因此在20世纪初，"灾变说"盛

地球围绕太阳旋转，四季由此形成。

△ 关于太阳系的起源，有不同的观点。

行起来。这一假说认为，太阳是太阳系中最先形成的星球。在一个偶然的机会里，一颗星体从太阳附近经过，它带走了太阳表面的一部分物质，这些物质后来就形成了行星，太阳系也由此而来。

但是，天文学家们的计算表明，一个小天体如果与太阳相撞，是不可能把太阳上面的物质"撞出来"的，它只会被太阳吞噬掉。而且，气体中的物质在空间弥散开来之后，不会发生凝聚现象。在这种情况下，"俘获说"便应运而生。这一假说认为，太阳在星际空间运动时，遇到了一团星际物质，它就靠自己的引力把这些物质据为己有。后来，这些物质在太阳引力的作用下加速运动，像滚雪球一样越滚越大，最后就逐渐形成了行星。

尽管以上各种假说都有充分的观测、计算和理论依据，但它们也有致命的不足。因此，有关太阳系的起源问题，到现在都还是一个未解之谜，并没有确切的答案。

宇宙探秘录
Universe

太阳系简介

太阳系是由太阳以及在其引力作用下绕它运转的天体构成的天体系统，由太阳、八大行星、卫星、彗星、小行星及星际物质组成。太阳是太阳系的中心。

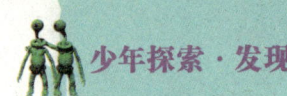

寻找太阳系的尽头

太阳系的尽头是在日圈顶层还是柯伊伯带？
如果不再受到太阳引力的控制，是不是就到达了太阳系的尽头？

太阳系的边界在哪里？迄今为止，这个问题一直没有得到解决。有的科学家认为，太阳会喷出高能量的带电粒子，这就是"太阳风"。太阳风吹刮的范围会到达冥王星轨道外面，形成一个巨大的磁气圈，它被叫作"日圈"。而日圈的终极边界叫作"日圈顶层"，这就是太阳所能控制的最远端，我们可以把这里视为太阳系的尽头。

但是有的科学家却认为，柯伊伯带才是太阳系的边界。它距离太阳40～50个天文单位，布满了大大小小的冰块状物体，是太阳系大多数彗星的来源地。还有的科学家提出，我们可以把太阳的有效引力范围作为找到太阳系边界的标准。一旦超出了这个范围，无法再受到太阳引力的控制，就等于越过了太阳系的边界。

为了破解这一谜团，人类发射的两个探测器已经飞到距离太阳99亿千米和76亿千米的地方，希望它们能够帮助人类找到太阳系的尽头。

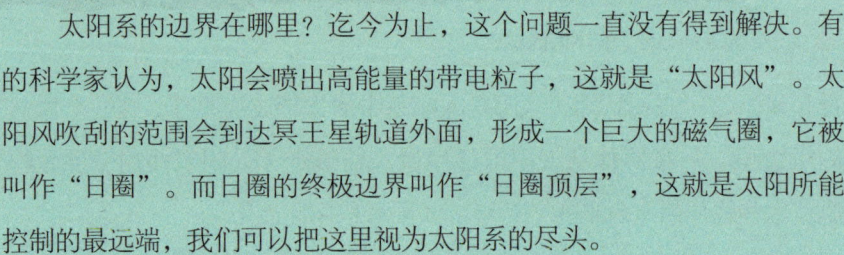

太阳系八大行星在各自轨道上围绕太阳旋转。

最不可思议的宇宙未解之谜

冥外行星真的存在吗

> 冥王星外还有别的行星吗？
> 为什么从理论上来说，太阳系应该还有大行星存在呢？

天文学家们寻找行星，主要是通过牛顿的力学定理，根据观察资料推算出它的运行轨道，然后再到轨道附近去搜寻。海王星和冥王星就是这样发现的（2006年，冥王星正式降格为矮行星，不再属于大行星行列）。可是，冥王星的运动规律仍然与计算结果不符，于是人们猜想，在冥王星之外是不是还有一颗大行星呢？而且，太阳的引力作用范围是很大的，大约可以达到4500个天文单位（一个天文单位约149597870千米），而冥王星距离太阳只有39个天文单位。因此，太阳系的边缘远应在冥王星之外。所以从理论上来说，太阳系应该还有大行星存在。

在发现冥王星后的14年里，人们一直在用发现冥王星的方法寻找冥外行星，但是却并没有找到它们。科学家们认为，如果真的有冥外行星，飞近它的探测器势必会受到影响，这样我们就可以找到它。但是，从空间探测器发回的照片中，人们并没有发现冥王星外还有新行星存在的证据。看来，这个谜还需要人类不断探索才能破解。

▶ 冥外行星是否真的存在？

少年探索·发现系列

太阳的能量来自何处

太阳之所以能释放出巨大的能量,是因为它在不断收缩吗?太阳的能量是不是来源于核聚变反应?

太阳是地球万物生长的动力源泉,它每时每刻都在向外释放着巨大的能量。可是,太阳的能量是从哪里来的呢?

一位美国科学家根据格林尼治天文台自1836年以来的测量数据推算后认为,在近100年间,太阳直径缩短了1000千米。经过大量的观察研究,科学家们认为,太阳每100年收缩0.1%有一定的可能性。于是有人提出,太阳之所以能够释放出巨大的能量,是因为它在引力作用下不断收缩的缘故。

但是也有科学家认为,太阳的能量来源于自身的核聚变。因为太阳是一个大质量天体,当这样的天体不断收缩并发热时,核聚变反应就会产生高温并向其周围辐射能量。太阳之所以能如此长久而猛烈地向宇宙空间辐射能量,是由于它拥有大量能进行核聚变的物质。当这些物质燃烧完后,太阳的能量就会逐渐消失。虽然这种观点已经得到了大部分人的认同,但仍有一些根本性的问题没有得到解决。比如:产生核聚变反应的物质从何而来?因此,太阳能量来源之谜,还有待科学家们的进一步探索。

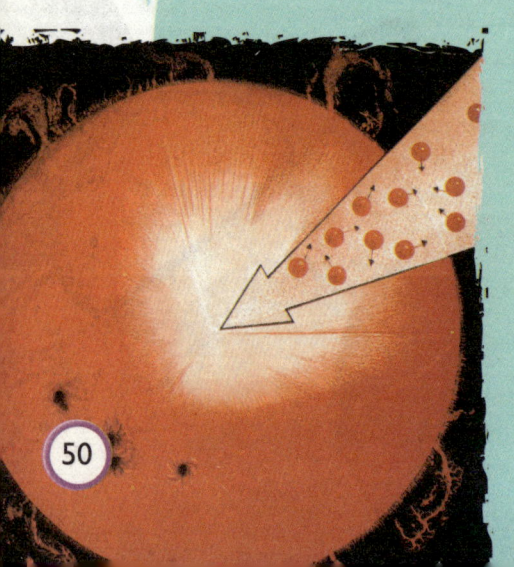

◀ 科学家们提出,太阳通过核聚变向外释放能量。

中微子跑到哪里去了

中微子真的失踪了吗？
"失踪"的中微子去了哪里？

科学家们认为，如果太阳真的会进行大规模的热核反应，那就应该产生大量的中微子。为了证明这一理论的正确性，科学家们设计了专用仪器来测量太阳中微子的实际数目。他们在地下深达1.5千米的金矿里安装了一个大罐子，里面装有四氯乙烯溶液，它可以用来俘获中微子。然而，检测结果表明，实际的太阳中微子数目只有理论预言的1/3。也就是说，大量的太阳中微子失踪了！

科学家们经过认真仔细的研究，认为问题应该出在中微子身上。研究人员将新的数据与以往的研究成果相结合，发现太阳释放出的一部分电子中微子在旅途中转变成了其他类型的中微子，而我们目前的检测手段只能测量出电子中微子的存在，也许这样就可以解释太阳中微子短缺之谜。

但是到目前为止，关于中微子还有很多问题有待进一步研究。比如，太阳释放出的电子中微子为何会转化为其他类型？如果这些问题得不到解释，太阳中微子短缺之谜就不能真正破解。

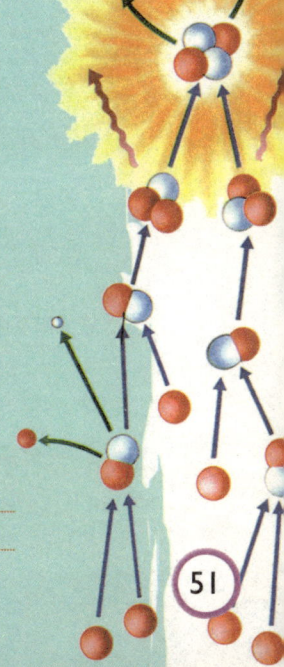

能产生中微子的太阳核反应示意图

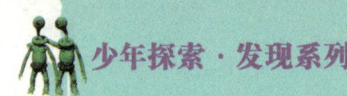

水星的莫测身世

> 水星是由凝固的金属铁及其他物质堆积而成的吗?
> 水星是由原始行星的金属铁融合而成的吗?

在太阳系中,最靠近太阳的行星就是水星。它是如何诞生的呢?对此,科学家们提出了两个截然不同的观点。其中一种观点认为,由于水星最靠近太阳,所以它是在原始太阳系星云中的高温区域,由凝固的金属铁及其他物质堆积而成。另一种观点认为,水星是在巨大的原始行星互相碰撞的时候,由彼此的金属铁融合而成的。不过,究竟哪一种说法更接近事实,现在还没有确切的答案。由于水星与太阳距离较近,照射到水星表面的阳光十分强烈,地球上的观测设备和太空中的"哈勃"太空望远镜都难以对水星进行直接观测。20世纪70年代,美国宇航局发射的"水手10号"探测器曾3次飞掠水星,但由于种种原因未能进入环水星轨道,仅拍摄了一部分水星表面的照片。2004年,美国"信使"号水星探测器成功发射,"信使号"任务也是"水手10号"任务之后,人类首次探测水星的计划。

▷ 在太阳系中,水星距离太阳最近。

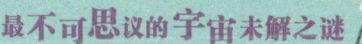

水星上有水吗

> 水星的两极地区是不是有水存在？
> 陨石坠落会给水星带来水吗？

水星上有水吗？观测发现，水星上的大气压非常低，极高的温度、微弱的引力和强大的太阳风使水星表面的气体很快地向太空逃逸。因此，科学家们一直都认为水星上不会有任何形式的水存在。1991年，美国科学家在对水星进行雷达回波实验时惊奇地发现，从水星北极反射回来的信号特别强，这表明水星北极的表面物质与其他地方不同，有很高的反射率。科学家认为，只有水或者冰才会产生如此之强的反射信号。

但是，在这么恶劣的环境下，怎么可能存在水或者冰呢？科学家又提出了这样一种设想，因为水星的自转轴几乎垂直于它的公转轨道面，它两极一些深陷的陨石坑可能永远受不到太阳光的照射，里面的温度有可能在-160℃以下。因此，太空陨石坠落时带来的冰或者从内部挥发出来的水汽能够一直保留在水星两极的陨石坑内。事实果真如此吗？到现在为止，还没有实际观测表明水星上存在着水或者冰，所以这些问题都还没有得到根本性的解决，需要科学家进行更深一步的探索。

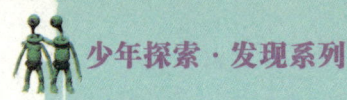

水星磁场从何而来

水星磁场是不是形成于水星早期？
水星与太阳风的相互作用是磁场形成的原因吗？

"水手10号"探测器第一次飞越水星时，意外地探测到水星似乎存在着一个很弱的磁场。在后来的几次探测中，水星磁场的存在得到了证实，它是一个基本上与自转轴平行的对称性磁场。

然而，水星磁场是怎样形成的呢？有人认为，在水星形成的早期历史阶段，它的液态核心还没有凝固，磁场就是在那个时候产生的，并一直保留到现在。这种观点遭到许多人的反对，他们认为，在过去的几十亿年当中，由于放射性元素产生热能或者陨石袭击等原因，使得水星内部相应部位的温度上升到物质丧失磁性所必需的最低温度之上，从而使残留下来的磁场完全消失。所以，即使当时保留了部分磁场，现在也早已消失了。因此水星磁场不可能产生在水星形成的早期历史阶段。还有人认为，水星与太阳风持续不断地相互作用，也许是磁场产生的原因。但是，研究表明，这种相互作用虽然会产生磁场，却不可能产生与自转轴平行的对称性磁场。现在看来，要想破解水星磁场的形成之谜，还需要人类的不断探索。

◁ 水星

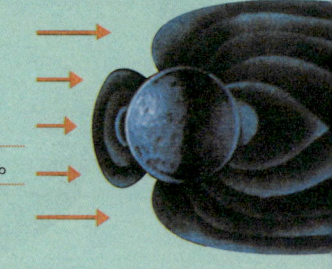

▷ 探测表明，水星也有磁场。

最不可思议的宇宙未解之谜

水星密度之谜

水星为何有如此大的密度?
是表面物质的消失导致了水星的高密度吗?

▲ 水星的构造

水星的密度为5.43克/厘米³,是太阳系中密度第二大的天体,仅次于地球。为何水星会有如此高的密度呢?有一种观点认为,在水星形成的早期,它既有地壳和地幔,也有一个金属-硅酸盐核心,那时它的质量大约是现在的2.25倍。但是,一个突如其来的星体与水星相撞,导致它的地壳和地幔被撞裂,散失在了宇宙空间,只留下了一个金属核心,并最终导致了高密度的出现。另一种观点认为,水星的形成时间应该早于太阳和太阳系的其他行星。那时,水星的质量大约是现在的两倍,但由于太阳的逐渐形成,水星的温度有2500℃~3500℃,它表面的许多岩石在这种温度下碎裂、蒸发,形成了"岩石蒸气"。随后,"岩石蒸气"被星际风暴带走,这样水星就只留下了一个金属核心。还有观点认为,水星在形成之时就特别"偏爱"吸引密度较大的粒子,所以才有如此大的密度。

实际上,人类现在对水星的认识还相当有限,也无法判断究竟哪种观点才是正确的。看来,只有今后的实地探测才能揭开这个谜底。

少年探索·发现系列

金星为何逆向自转

金星的自转方向是怎样的？
是别的星体与金星相撞改变了它的自转方向吗？

金星常常在天空的南端闪闪发光，按距离太阳由近到远的顺序，它排名第二，是离地球最近的行星。有人称金星是地球的"孪生姐妹"，确实，从结构上看，金星和地球有不少相似之处。但是，金星的表面温度非常高，而且还严重缺氧，自然条件相当严酷。最为特别的是，金星是太阳系中唯一一颗逆向自转的大行星，它的自转方向与其他行星相反，是自东向西。因此，在金星上看，太阳是西升东落的。

为什么金星会有如此特别的自转方向呢？科学家们展开了严密细致的研究。有人猜测，在金星形成的早期，可能有一个小天体与它相撞，巨大的力量使得金星"转"了个身，从此开始自东向西旋转。但是，这种观点现在还没有得到证明，它还停留在假说阶段。

从20世纪60年代起，苏联和美国就对金星展开了探测。现在，科学家们已经获得了大量有关金星的科学资料。相信在不久的将来，金星逆向自转之谜一定会被揭开。

◀ "麦哲伦"号金星探测器

最不可思议的宇宙未解之谜

金星上有过大海吗

> 金星上是不是存在过大海？
> 如果金星上有过大海，那它们又去了哪里呢？

因为金星与地球有相似的自然条件，所以人们猜测，金星上可能有大海存在。然而，20世纪70年代，苏联的"金星"号系列飞船在金星上着陆后，并没有找到有海洋存在的证据。这一假说由此被推翻。

到了20世纪80年代，美国科学家波拉克·詹姆斯再次提出了这一假说。他认为，金星上确实存在过大海，不过后来又消失了。他还分析了大海消失的原因，一种可能是，在金星形成的早期，它内部曾散发出像一氧化碳那样的还原气体，由于这些气体与水的相互作用，把水分消耗掉了。第二种可能是，由于金星上大量的火山爆发，大海被炽热的岩浆烤干了。美国密执安大学的科学家在这一基础上又提出了新的看法。他们也认为，金星上确实存在过大海。到了后来，太阳的温度异常升高，加上金星的自转速度过慢，经不起烈日酷晒，大海就这样被烤干了。

究竟金星上是不是存在过大海，现在还没有人能够给出准确的答案。

▽ 人们猜测，金星上可能存在过大海。

少年探索·发现系列

地球是怎样形成的

地球是彗星与太阳"撞"出来的吗？
地球是不是在原始星云中诞生的？

我们生活的这个地球是如何形成的？随着科学的进步，关于地球成因的学说已经多达十几种，如"彗星碰撞说""宇宙星云说""双星说""行星平面说""卫星说"等。

在以上众多的学说当中，"彗星碰撞说"是法国生物学家布封于18世纪提出的。他认为，是一颗撞向太阳的彗星，撞下了太阳表面的物质，使包括地球在内的行星得以形成。

不过，相当多的科学家更认同德国天文学家康德的"星云说"与法国天文学家拉普拉斯的"宇宙星云说"。这两者都认为，太阳系早期是一片由炽热气体组成的星云，当气体冷却收缩后，星云就会开始旋转。由于重力的作用，气体收缩。旋转速度加快，星云就会变成扁扁的圆盘状。在收缩、旋转的这一过程中，当周围物质受到的离心力超过了中心对它的吸引力时，星云就会分离出一个圆环。就这样，一个又一个的圆环产生了。最后，中心部分的物质凝聚成太阳，周围圆环

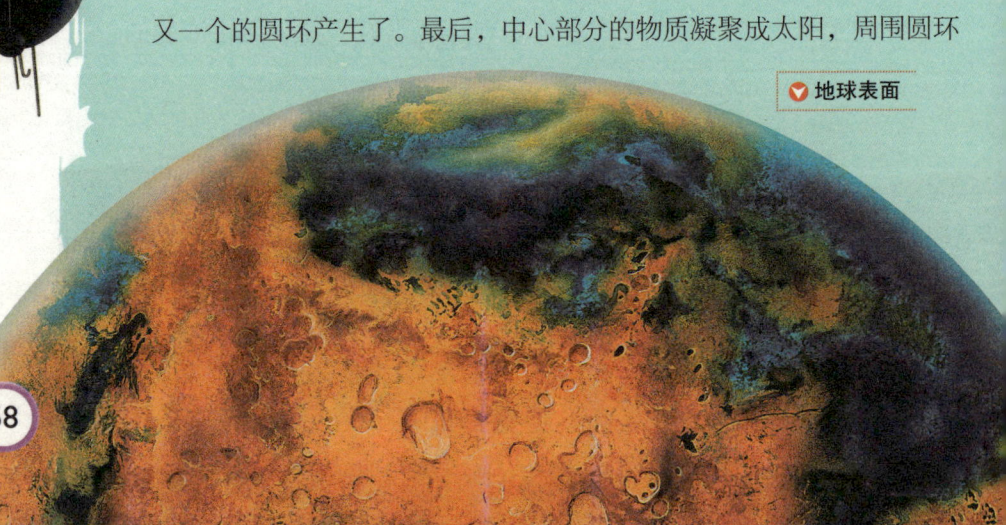
◆ 地球表面

> 有的科学家认为，地球是在原始星云中诞生的。

中的物质凝聚成了行星，其中一颗就是地球。

然而，随着科学的发展，人们发现这一假说也暴露出了不少问题。例如：根据天文学家观察到的事实，在太阳系内，太阳本身质量占太阳系总质量的99.87%，角动量（描述物体转动状态的量）只占0.73%；而其他八大行星及所有的卫星、彗星、流星群等总共占太阳系总质量的0.13%，但它们的角动量却占99.27%。这个奇特现象，天文学上称为"太阳系角动量分布异常问题"。而"陨星说"与"宇宙星云说"对产生这种分布异常的原因却"束手无策"。

> 地球是人类的家园。

另外，科学家们发现了越来越多的太空星体互相碰撞的现象。如：1979年8月美国的一颗人造卫星P78-1拍摄到，一颗彗星以560千米/秒的高速，一头栽入了太阳的烈焰中。12小时以后，彗星就无影无踪了。既然宇宙间存在天体相撞的事实，那么，"彗星碰撞说"的可能性依然存在。

今天，有关地球起源的学说层出不穷，但地球是怎样形成的，仍然还是一个谜。

宇宙探秘录 Universe

地球简介

地球是太阳系的八大行星之一，按距离太阳由近到远的顺序，它排在第三。地球有一个天然卫星——月球，地球部是由核、幔、壳构成的，外部包裹着圈、大气圈和磁层。

少年探索·发现系列

地球为什么会转动

地球是怎样转动起来的呢?
地球转动的能量是不是来源于势能与动能的转化?

众所周知,地球在一个椭圆形轨道上围绕太阳公转,同时又绕地轴自转。因为这种不停的公转和自转,地球上才有了季节变化和昼夜交替。然而,是什么力量在驱使地球这样永不停息地运动呢?地球最初又是如何运动起来的呢?

对于这个问题,英国科学家牛顿提出了"第一推动力"的观点。他认为,是上帝设计并塑造了这完美的宇宙运动机制,且给予了第一次动力,使它们运动起来。在牛顿看来,整个宇宙天体的运动就像是上好了发条的机械时钟,准确无误,完美无缺。但是,用现在的科学观点来看,这显然是违背基本科学原理的。

现代天文学理论认为,旋转运动自始至终伴随着地球的形成过程。要理解这一点,必须弄清楚地球和太阳系的形成原因。科学家们普遍认为,

◀ 地球仪上南北两极伸出的金属棒代表着地轴。

宇宙探秘录
Universe

地球的公转与自转

地球每时每刻都在围绕着地轴,自西向东进行自转,旋转一周就是一天,约等于23小时56分钟4秒。地球在自转的同时,还以太阳为中心,自西向东进行着公转运动,公转一周就是一年。

50亿年前,受某种扰动的影响,原始星云在引力的作用下向中心收缩。经过漫长的演化,中心部分物质的密度越来越大,温度也越来越高,终于达到可以引发热核反应的程度,最后它就演变成了太阳。而太阳周围的残余气体则逐渐形成一个盘状气体层,经过收缩、碰撞、捕获、积聚等过程,在气体层中逐步聚集成固体颗粒、微行星、原始行星,最后形成一个个独立的大行星和小行星等天体。而原始星云在向扁平状发展的过程中,势能(物体由于具有做功的形势而具有的能)变成动能(物体由于运动而具有的能),最终就旋转起来了。地球转动的能量来源也许就是势能最后变成动能所致。

也许有人会问,地球运动需要消耗能量吗?如果答案是肯定的,那么地球消耗的能量又是从哪里来的呢?如果它不需要消耗能量,那么它会永远转动下去吗?而且,地球为什么要选择以现在的方向、姿态、速度转动?其实,这些都还是现代科学至今也没有解决的问题。

◀ 地球围绕着一根假想的轴——地轴,自西向东自转。

少年探索・发现系列

地球上的生命起源

生命诞生于地球还是火星？
是海底的原始火山孕育出了生命吗？

多年来，地球生命的起源一直是个争议颇多的问题。科学家们从各个方面提出了生命起源的线索，但问题的答案依旧扑朔迷离。

有人认为，原始生命是在原始地球上产生的。原始地球大气是有机分子的诞生地，有了它才会孕育出生命。1953年，美国大学生斯坦利·米勒模拟原始地球大气，将氨、甲烷、氢和水蒸气混合在一起，然后对这些混合气体进行放电，获得了组成生命的基本材料——氨基酸。他的实验证实，在原始地球条件下，生命诞生是完全有可能的。

然而有的科学家却认为，生命是从火里诞生的，是海底的原始火山孕育了生命。他们提出，在地球的太古代时期存在着深海火山，原始生命就是在那里诞生的。19世纪70年代，科学家对大洋中脊火山喷口的研

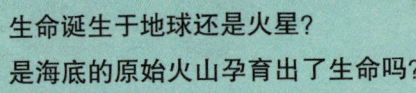
▲ 生机勃勃的地球

▼ 想象中的原始海洋

▶ 还有的科学家认为，生命来自于火星。

究表明，海水通过深海火山口与炽热岩浆直接连通，深海火山口附近存在巨大的温度落差和化学变化，可能形成多种溶解物。这些物质在高温下化合，形成氨基酸，最终化合为类似细胞体的物质。

还有的科学家认为，生命来自于火星。从探测器带回来的火星陨石来看，它们是由彗星或者小行星撞击火星表面形成的。这种撞击足以将火星表面携带微生物的岩石抛到火星引力之外的地方。科学家们估计，虽然只有极少数的岩石能够到达地球，但它们已经足以将生命的种子带到地球上来。据"火星探路者"发回的观察结果表明，火星南北两极有冰盖存在。所以，支持这一说法的人认为，只要火星上有水存在，就完全有可能诞生生命，这也就间接地证明了"生命来自于火星"这个观点。

除了以上的观点之外，有关地球生命起源的假说还有很多种，但究竟哪一种才是生命起源的真正原因，这个谜团还等待着人类去继续破解。

▶ 原始地球上的生物

宇宙探秘录 Universe

生命的诞生

科学家们大都认为，在一定条件下，无机物会合成为有机小分子，如氨基酸；再由有机小分子合成为生物大分子，如蛋白质；生物大分子在原始海洋中长期互相作用而构成核酸等多分子体系，一个原始生命就这样诞生了。

少年探索·发现系列

探秘月球起源

> 月球是不是被地球俘获的?
> 月球是大碰撞"撞"出来的吗?

月球是地球唯一的天然卫星,关于它的起源,人们的观点莫衷一是,存在着多种假说。

"分裂说"是最早解释月球起源的一种假说。早在1898年,著名博物学家达尔文的儿子乔治·达尔文就指出,月球本来是地球的一部分,后来由于地球转速太快,把一部分物质抛了出去,这些物质脱离地球后就形成了月球。这一观点很快就遭到了一些人的反对。他们认为,如果月球是地球抛出去的,那么两者的物质成分就应该一致。可是通过对从月球上带回来的岩石样本进行化验分析,发现两者相差甚远。

另外一种假说认为,月球本来只是太阳系中的一颗小行星。有一次,因为运行到地球附近,被地球的引力所俘获,从此就再也没有离开过地球。这就是"俘获说"。但也有人指出,地球质量只是月球的81

有关月亮的神话传说

在世界各地的神话传说中,和月亮有关的故事多得数不胜数。如中国的嫦娥奔月、吴刚伐桂等。在古希腊神话里,月亮女神同时也是狩猎女神。

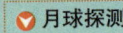
月球探测

最不可思议的宇宙未解之谜

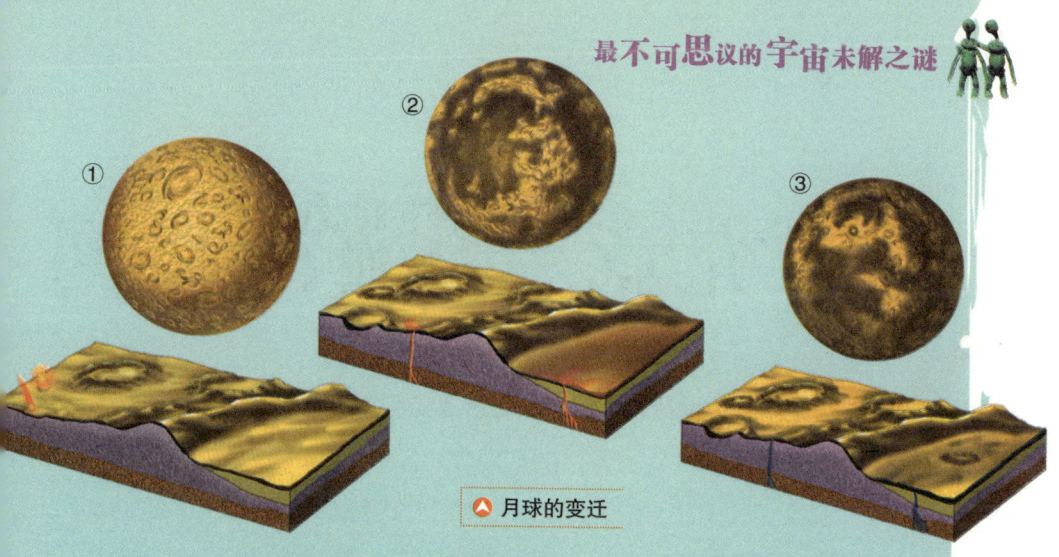

月球的变迁

倍，要想俘获月球那样大的天体，是不太可能的。

还有一种观点叫"同源说"。这一假说认为，地球和月球都是太阳系中的星云经过旋转和吸积形成的星体。但是，地球形成的时间要早于月球。然而，这一假说也受到了客观现实的挑战。通过对从月球上带回来的岩石样本进行化验分析，人们发现月球的年龄要比地球古老得多。

"大碰撞说"是近年来关于月球成因的新假说。这一观点认为，太阳系演化早期，在星际空间曾形成大量的"星子"，星子通过互相碰撞、吸积而长大。在原始地球形成的同时，也形成了一个相当于地球质量0.14倍的天体。一次偶然的机会，这个天体以5千米/秒左右的速度撞向地球，最后被撞得粉碎，形成了大量尘埃。这些尘埃通过相互吸积而结合起来，就形成了月球。

现在，关于月球起源的假说已经产生了好几十种，但还没有一种得到完全确认。科学家们认为，要想破解月球的形成之谜，还需要做出大量的探讨和研究。

关于月球的起源，现在还是一个谜。

65

少年探索·发现系列

月球究竟"芳龄"几何

月球的年龄是45亿岁、46亿岁,还是200亿岁?
月球是不是比地球和太阳系都更为古老?

过去,德国和英国的科学家根据研究认为,月球产生于距今45.27亿年前,只比太阳系产生时间晚大约3000万~5000万年。

然而,通过对月球岩石标本的研究发现,99%的月球岩石都比地球上90%的最古老的岩石还要古老。美国宇航员阿姆斯特朗在月球静海降落后拣起的第一块岩石的年龄就在36亿岁以上,而迄今为止科学家们在地球上发现的最古老的岩石就是36亿年前的。在其他宇航员们从月面带回的岩石中,有的是43亿年前形成的,有的是45亿年前形成的。"阿波罗"11号宇宙飞船带回的月面土壤标本,其年龄甚至长达46亿年,这一时间正好是太阳系形成的时间。更令人不可思议的是,在"阿波罗"12号宇宙飞船带回的岩石标本中,有两块的年龄竟是200亿年!

有的科学家由此认为,月球比地球和太阳系都更为古老。但月球的真实年龄究竟是多少,现在还是一个未知数,还需要人类的不断探索。

▶ 月球探测车

最不可思议的宇宙未解之谜

神秘消失的月球磁场

月球到底有没有磁场？
是什么原因让月球的磁场消失了呢？

▲ 人类登上月球。

科学家们发现，虽然月球几乎没有磁场，但月球岩石却有着磁化过后的现象，这是怎么回事呢？

科学家经过研究认为，月球以前是有过磁场的，但是后来它却消失了。为什么这么说呢？首先，要让一个固体星球拥有磁场，该星球内部必须存在导电液体。当这些液体进行某种有规律的剧烈运动时，如冷却过程中的对流，星球才会产生磁场。从月幔的成分来看，在熔融状态下，较轻的元素会浮在上面，形成月壳；而重元素富集的区域则会下沉，一直到达月核的周围，就像一层隔热毯一样把月核与月幔隔离开来。但是，这层隔热毯里富含一些放射性元素，例如铀和钍。时间一长，这些物质会逐渐衰变，产生热量，最终因密度变小而上浮。这样，随着月核周围的"隔热毯"逐渐消失，它就会开始进行剧烈的对流冷却活动，促使月球产生磁场。但是，当放射性元素停止辐射热量之后，对流冷却过程就会中止，月球磁场也随之消失。事实果真如此吗？现在还没有答案。

▷ 有人认为，月球磁场与放射性元素有关。

少年探索·发现系列

"两面派"月球大探秘

是不是"雨海事件"让月球的正反两面显得很不相同?
是发生在月球上的日食让月球的正反两面形成了差异吗?

我们从地球上看到的月球表面,呈现出明暗不同的区域,暗色区域是月海,明亮的区域是月陆。科学探测表明,绝大多数月海分布在面向地球的月球正面。正面月海约占半球面积的一半,而月球背面只有3个面积很小的月海,占半球面积的2.5%。然而在月球背面,月陆的分布面积就比月海大得多。那么,为什么月球的正面与背面有这些显著的差别呢?其实这也是科学家长期以来关注和研究的问题。

科学家们提出,月球正面与背面的明显差异,与月球的起源和演化有关。有一种假说认为:在月球形成后,其轨道逐渐向地球逼近。大约在39亿年前,当月球运行到地球的洛希极限(行星对卫星的潮汐力可将卫星粉碎的最大距离)附近时,由于地月潮汐力的相互作用,月球的正面被撕裂出一部分,这些物质在太空中被粉碎后又返回到月球正面,撞击月表,开凿出大面积的月海盆地,这就是著名的"雨海事件"。而月球背面几乎没

◀ 月球正面

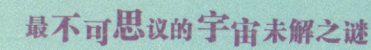最不可思议的宇宙未解之谜

有受到潮汐力的影响，也没有发生过类似的撞击，所以保持了较为原始的月貌特征。

也有人认为，因为月球上的日食都发生在正面，日食时月表温度会发生巨大的变化，极高的温度会熔化月球正面的岩石，日积月累就形成了正反两面的差异。

虽然以上的说法都有一定的道理，但它们还不能令人完全信服，甚至还存在着缺陷。例如：假设月球真的在向地球轨道靠近，并引发了后来的"雨海事件"，那么，这种情况会不会再次发生呢？现在还没有任何证据能够排除这种可能性，也没有人能够找出"雨海事件"的规律，这只能说明39亿年前的那次大碰撞也许是事发偶然，这就大大降低了它的可信度。看来，要想真正揭开月球的正反两面之谜，还有待进一步的研究。

▼ 想象画：宇航员着陆月球

宇宙秘录 Universe

月球上的地形

月球上有环形山、月海、月陆、月面辐射纹、月谷等地形。其中，月海是月球上的广阔平原，而高出月海的区域就是月陆，环形山则是月球上最为常见的地形。

来历不明的环形山

月球上的环形山是陨石撞击后留下来的吗？
月球上的环形山是不是被智能生物改造而成的？

对天文学家来说，月球环形山的成因是个不易破解的谜。有人认为，那是小天体或陨石撞击月球表面后留下的"星伤"，像我们地球上的陨石坑。对比月球正反两面的照片可以发现，陨石似乎总是撞击月球的其中一面，而对另一面却撞得比较少，这是怎么回事呢？

而且，据科学家推测，一个直径约80～160千米的陨石撞击月球，其能量相当于几百万吨级的核弹爆炸。按这样大的冲击力计算，撞击月球的陨石应在月球上撞出一个深达几百千米的坑洞。可奇怪的是，月球上的环形山的深度基本都在3～4千米。就连直径约为280千米的加加林环形山，它的深度也只有6千米左右。

月球环形山如此众多的奇怪特征使研究者们陷入了困境，以往的科学理论和各种各样的计算方法统统失去了作用。有人甚至认为，月球上的环形山并非自然形成，而是被智能生物改造而成的。面对这种令人匪夷所思的观点，很多人持怀疑态度。现在看来，只有找到月球环形山更多的特点，才能揭开它的形成之谜。

◆ 月球环形山的深度大都相同。

最不可思议的宇宙未解之谜

月面**辐射纹**从何而来

是陨石撞击形成了辐射纹吗?
辐射纹是不是火山爆发时的喷射物造成的?

在月球上一些较"年轻"的环形山周围,常常出现一种美丽的景象——辐射纹。它是一种以环形山为中心向四面八方延伸的带状地形,几乎以笔直的方向穿过山系、月海和环形山。

据统计,在月球上有辐射纹的环形山可能有50多座。其中,最引人注目的是第谷环形山的辐射纹。在那里,有一条辐射纹长达1800千米,满月时看上去尤为壮观。然而,这些辐射纹是怎么形成的呢?有些科学家认为,它们的形成原因应该与环形山有密切联系。现在许多人倾向于"陨石撞击说",认为在没有大气,引力作用又很小的月球上,陨石撞击可能会使高温碎块飞得很远,它们在月球表面留下的痕迹冷却后就形成了辐射纹。而另外一些科学家则认为,辐射纹的形成也不能排除火山作用。火山爆发时的喷射物也有可能形成四处飞散的辐射形状。

虽然人们对月面辐射纹的形成原因有各种猜测,但真实结果究竟如何,还有待于进一步的研究。

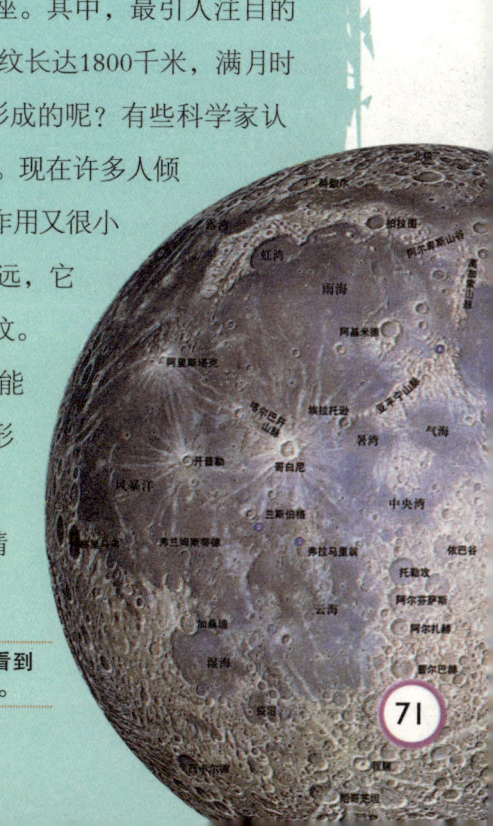

在月球正面的图中,我们可以清晰地看到哥白尼环形山和开普勒环形山的辐射纹。

寻找月球上的智能生物

月球真的是外星人的基地吗？
月球上是不是有智能生物存在？

1969年，当人类登上月球后，发现这里并没有生命存在的迹象。不过，有的科学家却认为，月球是外星人的基地，它可能存在着智能生物。

▲ 人类在月球表面留下的脚印

据报道，美国发射的探测器"月球轨道环行器"2号在静海上空46千米的高度拍摄到了月面上的塔状物。它们的底座大约宽15米，高为12～23米。科学家运用几何学原理对它们进行了分析，结果他们惊奇地发现，这些塔状物的分布方式与埃及吉萨的金字塔群极其相似！

除此之外，月面上还有许多难解的谜。很久以前，科学家们就曾目击月面上有发光物存在。这些发光物有时单个出现，有时是几个；有的是静止的，有的在运动；有的光强，有的光弱，各不相

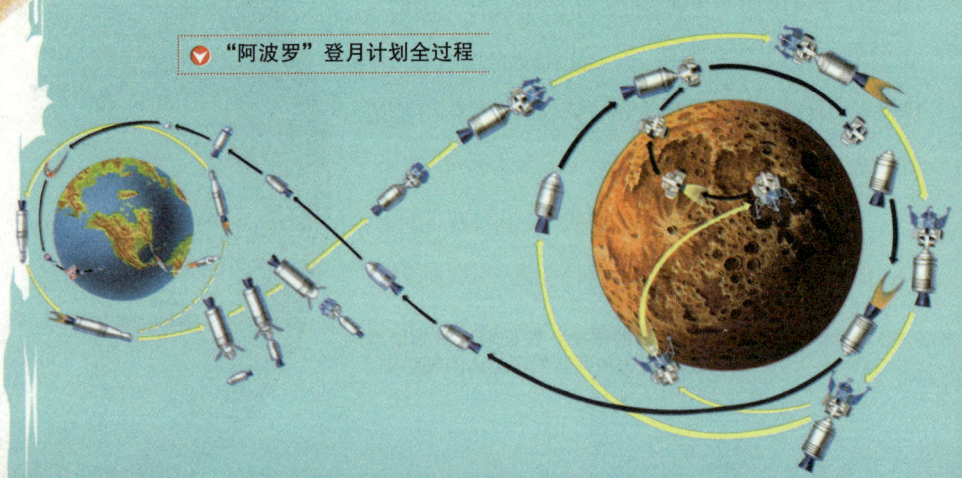
▲ "阿波罗"登月计划全过程

最不可思议的宇宙未解之谜

同。而且，这种发光物出现的地点居然与人类登月的地点一致。权威学者们认为，这些发光物除了UFO之外不可能是其他的东西。

更让人感到奇怪的是，"阿波罗"11号在飞行期间，宇航员阿姆斯特朗在回答休斯敦指挥中心的问题时吃惊地说："……这些东西大得惊人……我要告诉你们，那里有其他的宇宙飞船，它们排列在火山口的另一侧，它们在月球上，正注视着我们……"就在这时，无线电信号突然中断。阿姆斯特朗究竟看到了什么，美国宇航局再也没有做出任何解释。

据说，"阿波罗"15号飞行期间，宇航员沃尔登吃惊地听到了一个很长的哨声，随着声调的变化，传出了由20个字组成的一句话。这个陌生的来自月球的语言切断了宇航员与休斯敦的一切联系。这一切究竟是怎么回事？直到现在也没有人能解释。

美国宇航员

宇宙探秘录 Universe

"阿波罗"登月计划

"阿波罗"登月计划，是美国从1961年到1972年进行的一系列载人登月飞行任务。这一计划使人类实现了登月的梦想，美国也由此获得了丰富的科学资料及将近400千克的月球土壤样本。

少年探索·发现系列

火星上的水去了哪里

火星上真的有运河吗?
火星上的水是怎样消失的?

1877年,意大利人夏帕雷利在火星表面观测到了一些纵横交错的线条。此后,火星上存在运河的说法不胫而走。从1964年到1977年,美国对火星发射了8个探测器。结果发现,火星上根本不存在什么运河,而是有着宽阔、弯曲的河床。这些河床向我们表明,火星上曾经有过丰沛的、流动着的水。如果真是这样的话,这些水最终都流到哪里去了呢?

有一种观点认为,从河水滔滔到滴水皆无,说明火星气候发生了根本的变化。由于火星大气变得稀薄、干燥、寒冷,才导致河水干涸,只留下了一些荒凉的河床。另一种观点认为,曾经存在于火星上的水有10%就蕴藏在火星极地,而剩余的水有可能存在于火星内部,也有可能随着大气流动消失在了茫茫宇宙中。然而,真相究竟如何,火星上的水到底是怎样消失的,现在仍是个待解的谜。

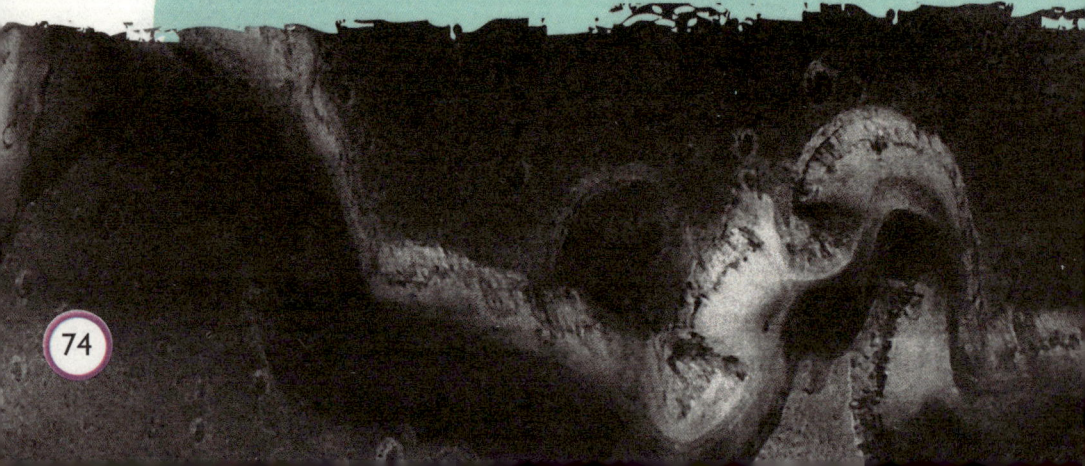

最不可思议的宇宙未解之谜

探索火星标语的奥秘

> 火星标语是对地球人发出的警告吗?
> 失踪的太空船去了哪里?

20世纪90年代初,在莫斯科的一个大型记者招待会上,苏联的一位太空专家波索夫宣布了一个惊人的消息:一艘由苏联发往火星进行探测任务的无人太空船,在1990年3月27日从火星荒凉的表面上拍到一个奇怪的警告标语后,便突然音讯全无。科学家们分析,它可能是被火星人给击毁了。

这个警告标语是用英文写的"离开"两个字。从无线电传回的照片来看,标语好像是用石块雕刻出来的,按比例估计,这两个字至少有75米宽。而且,标语的表面光滑、清晰,一点都没有饱受侵蚀的样子。所以科学家们推测,这个警告标语是最近才出现的。然而,"火星人"为什么要写这两个字呢?波索夫说:"这显然是针对地球人的。我想那一定是由于我们派出的火星太空船太多,骚扰到火星生物的安宁,所以才发出了这个警告,叫我们离开。"

这一事件被披露后立即震动了西方科学界。这个神秘的火星标语到底是不是真的,太空船究竟去了哪里,现在还无人知晓。

▲ 载人航天器模型

▼ 火星表面

火星洞穴形成之谜

火星上的洞穴是不是无底洞？
洞穴的形成和地下岩浆枯竭有关吗？

2007年5月，美国宇航局的火星勘测卫星使用高解析成像科学实验摄像仪，首次发现火星表面有一个长150米、宽157米的深洞。当时，这个发现令科学家们十分兴奋。他们猜测，这可能是一个无底深渊，甚至还隐藏着某种火星生命。他们甚至认为，这个洞穴可以成为人类登陆火星的栖息地。

然而，依据当年8月8日从不同角度拍摄到的最新宇航照片表明，在洞穴内部有洞壁存在，而且这也不是一个无底洞。由于现在还无法探测到洞底的情况，尚不清楚此洞到底有多深，但是负责此项工作的科学家称，这个神秘洞穴虽不是无底洞，但至少有78米深。据了解，在夏威夷火山的侧面也存在着类似的深坑，这是由于地下岩浆逐渐枯竭导致地面岩石向下塌陷形成的。有的科学家由此推测，火星上可能存在一些"熔岩管"状洞穴，由于地下岩浆枯竭形成很长的管状空洞，这次发现的洞穴就是其中之一。事实果真如此吗？这个洞穴究竟是怎样形成的？现在还没有确切答案。

对于火星，人类正在积极展开研究。

揭秘火星"金字塔"

> 火星上的物体真的是金字塔吗？
> 火星"金字塔"是什么样子的？

1972年和1976年，美国的"水手"9号与"海盗"1号探测器都在火星表面拍摄到了类似埃及金字塔的建筑。科学家们将这些"金字塔"分为三种：一种是酷似古埃及的法老金字塔，另一种是类似埃及达舒尔的斜方形金字塔，第三种是类似墨西哥的阶梯形金字塔。经推测，火星上最大的"金字塔"底边长1500米，高1000米。

看到照片的人往往会充满疑虑——那些物体真的是金字塔吗？针对这个问题，有的科学家做了一个模拟实验：在一块光滑的塑料板上，按火星"金字塔"的位置，复制了一些金字塔形的塑料模型，然后按照火星照片的拍摄条件进行拍摄。结果发现，塑料板上出现的明暗面与火星照片上的明暗面基本一致。这证明，那些物体就是金字塔。

但是，有些科学家也提出了不同看法。他们认为，这些"金字塔"可能是由于地质结构的变化而自然形成的。现在看来，这两种截然不同的观点似乎都有一定道理。事情的真相究竟如何，也许要等人类登上火星之后才能有一个明确的答案。

火星上是否也有金字塔？

匪夷所思的火星人面石

火星人面石是一座城市的废墟吗？
人面石是不是火星人创作的艺术作品？

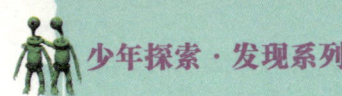

我们从1976年美国"海盗"1号探测器发回的照片上可以看到，在火星圣多利亚多山的沙漠地区，耸立着一块巨大的、五官俱全的人面石。它好似在仰望苍穹，凝神静思，看上去非常神秘。这尊石像从头顶到下巴足足有16千米长，脸的宽度达14千米，整张脸看上去与埃及狮身人面像——斯芬克斯十分相似。

关于这块人面石的来源，一些科学家认为这只是自然侵蚀的结果，或者是阴影造成的。但是，仍然有很多人相信火星人面石并非自然形成，他们宣称，如果用精密仪器对照片进行分析，就会发现人面石上有对称的眼睛，而且还有瞳孔。一些科学家在进行更加细致的研究后又发现，在这块人面石上，连眼、鼻、嘴，甚至头发都能看得很清楚。有些专家估计，这块人面石距今可能有50万年的历史了。而50万年前的火星气候正处于适合生物生存的时期，因此他们推测，这块

火星表面

火星就像一个生满了锈的世界，沙砾遍地，十分荒凉。另外，火星表面最引人注目的地形就是干涸的河床，它们多达数千条，蜿蜒曲折，纵横交错，看上去非常壮观。

▲ 想象画：火星表面的山峰

人面石可能是火星人留下的艺术珍品。

　　1996年，在火星轨道上进行测绘任务的"火星观察者"号探测器又飞越了火星人面石所在的区域，并拍摄到了更为清晰的照片。与1976年相比，这次的图片将人面石放大了10倍，而且还是在逆光中拍摄的。科学家们经过仔细观察后断定它只是一块岩石，其峰峦沟谷在光线的影响下形成了所谓的"人面"，并非人工建筑。有的地理学家也认为，这块岩石有可能是几百万年来气候变化造成的偶然结果，之所以会出现"人面"，是因为光线变化所致。

　　但是，仍然有很多人坚持火星人面石并非自然形成。2007年，美国著名科学家理查德·霍格兰在对火星照片进行详细的研究和分析后推测，这块人面石应该是火星上遭到毁坏的古代建筑物废墟。

　　现在看来，究竟这块火星人面石是自然形成还是人工塑造，答案还不得而知。也许，随着空间探测技术的不断发展，这个由来已久的火星人面石之谜终究会被破解。

▷ 要想彻底揭开火星人面石之谜，还有待于空间探测技术的进一步发展。

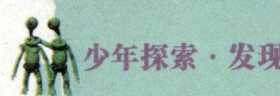

少年探索·发现系列

神秘的木星大红斑

木星大红斑究竟有多大？
大红斑为什么是红色的呢？

1665年，法国天文学家发现木星"身上"有一个大红斑，这立即引起了国际天文学界的注意。1878年，一位天文学家在观测木星时再次发现了这个大红斑，此后，人们便开始了对它的连续观测。现在，大红斑已经成了木星最为显著的特征，它的体积之大足以容下三个地球。自从被发现到现在，300多年来，科学家们一直在观察这个神秘的红斑，尽管它已经改变了颜色和形状，但它却从来没有完全消失过。

意大利天文学家卡西尼利用这个大红斑准确地测量出了木星自转的周期。另外，人们还在观测中发现，大红斑的颜色有时很浓，有时较淡，而且它在纬度方向上还有漂移运动，因此推测大红斑不是固态物质。这就像卡西尼所说，大红斑是木星大气的形态，它就像我们看到的天空中的云彩。

关于大红斑的来源，一直是个未解的谜。目前普遍认为，这个位于木星大气层中的红斑是一

◀ 木星

最不可思议的宇宙未解之谜

团沿逆时针方向运动的上升气流。可能是这个气流物质中含有大量的红磷化合物，所以它的颜色发红。探测器发现，木星大红斑位于南纬23度处，东西长4万千米，南北宽1.3万千米，中心部分有个小颗粒，它可能就是大红斑的核，其直径约几百千米。不过也有人认为，是上升的气流形成云后，大气层中的放电现象导致了大红斑的形成。因此，关于大红斑的来源至今仍无定论。另外，大红斑的颜色成因也是一个谜。有人推测，大红斑呈红色是因为气流中含有红磷化合物的缘故。除此之外，维持大红斑的物理机制到底是什么，直到现在也没有一个确切答案。

2007年5月1日，美国宇航局发布了由"新视野"号探测器在飞往冥王星的途中掠过木星时拍摄的一批高质量木星图像，其中就包括大红斑。科学家们说，他们将借助这些照片进一步分析木星风暴系统的形成及颜色变化等问题，以彻底解开木星大红斑的奥秘。

◇ 木星大红斑的体积足以容下三个地球。

探索宇宙秘录 Universe

行星之王

木星是太阳系中最大的行星，所以古希腊天文学家称它为"朱庇特"，即众神之王。木星有着突出的特点，它质量大，体积大，自转速度快。另外，木星还拥有数量众多的卫星。

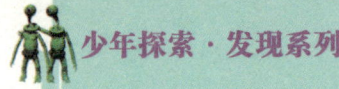

探秘木星环

木星环是明亮的还是黯淡的？
木星环长什么样？

1979年，科学家们在"旅行者"1号探测器发回的照片中发现，木星也有光环。木星环主要由亮环、暗环和晕三部分组成，环的厚度不超过30千米。其中，亮环离木星中心约13万千米，宽6000千米。暗环在亮环内侧，宽可达50000千米。亮环外缘还有一条宽约700千米的亮带。

但是，由于木星环过于单薄透明，使地球上的人们很难观测到它。所以我们对木星环的了解，远没有对土星环和天王星环那样多。比如：木星环是怎样形成的，至今还是一个没有解开的谜。而且，木星环的形状像个轮胎，为什么它会呈现出这种形状，至今还不能解释清楚。整个木星环主要由碎石块和尘埃组成，这些大大小小的颗粒都在它们各自的轨道上绕木星旋转。一些天文学家认为，这种轨道并不稳定，所以有些颗粒可能会脱离自己的轨道，掉到木星上。这种现象真的会出现吗？我们现在也不能完全肯定。总之，木星环之谜还有待于人类进一步探索。

通过对宇宙空间的探索，人们必将解开越来越多的秘密。

揭开木星极光的奥秘

> 木星极光的形成原理与地球极光相同吗?
> 是不是木卫一上火山喷发出的带电粒子引发了木星极光?

在地球上,当太阳风喷射出的大量带电粒子流以极快的速度进入地球大气层,并与空气中的原子相碰撞时,原子外层的电子便会获得能量。一旦这些能量释放出来,便会辐射出一种可见光束,形成缤纷的色彩,这就是极光。

在木星上,极光也很常见。然而,美国马歇尔航天飞行中心的天文学家认为,木星极光的形成原理有别于地球极光。他们提出,木星极光产生于失去大部分核外电子的氧原子及其他一些元素微粒。木星本身就拥有强大的带电粒子源——来源于木卫一的火山喷发物。当这种带电粒子闯入木星磁场中时,会在木星两极地区被加速到非常高的速度,这些高速高能粒子与木星大气层相碰撞后,便在木星大气中形成壮观的极光景象。因此,木星极光的发生与太阳活动并没有直接联系。

然而,火山喷出物中的带电粒子为何会进入木星磁场,现在也还无法解释。所以科学家们的推测只是具有一定道理,真实情况究竟如何,还需要进一步探索。

◎ 木星和地球一样,也有美丽的极光。

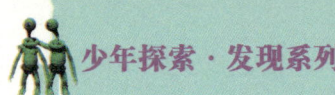

探寻木星的未来

木星会变成第二个太阳吗？
木星属于行星还是恒星？

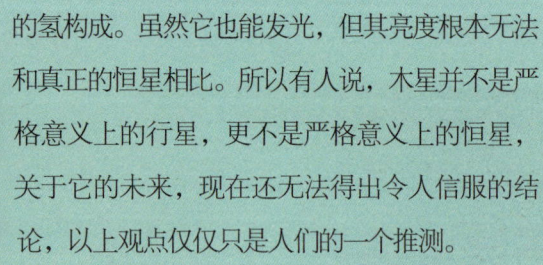

木星是一颗非常特殊的星体。它不仅有着巨大的体积和质量，而且还在向周围的宇宙空间释放巨大的能量，这说明木星内部可能存在着激烈的热核反应。它除了把自己的引力转换成热能之外，还不断地吸收太阳的热量。长此以往，木星的能量会变得越来越大，它也会越来越热、越来越亮。观察表明，由于木星正在向周围空间释放热量，木卫一上的冰层已经开始融化。

有的科学家据此判断，就木星的发展来看，它很可能会成为太阳系中的第二颗恒星。等太阳到了晚年，它就可能取而代之。但是也有人并不赞同此观点，他们认为，不管是体积还是质量，木星都无法和太阳相比。而且，恒星一般都是熊熊燃烧的大火球，木星只是由液体状态的氢构成。虽然它也能发光，但其亮度根本无法和真正的恒星相比。所以有人说，木星并不是严格意义上的行星，更不是严格意义上的恒星，关于它的未来，现在还无法得出令人信服的结论，以上观点仅仅只是人们的一个推测。

◀ 有的科学家认为，木星可能会成为第二个太阳。

土星环是怎样形成的

土星环是由卫星瓦解后的碎片组成的吗?
是土星的卫星和流星相撞,撞出了土星环吗?

从望远镜中看去,土星的形状就像一顶草帽,星体周围还有一圈很宽的"帽檐",这就是土星环。观测得知,土星环系的主体包括A、B、C、D、E、F、G7个环和一些环缝。在这7个环中,最里面的是D环,宽约12000千米。C环宽约19000千米,它与D环相连。C环外是既宽又亮的B环,它的宽度约为25000千米。再往外就是A环,宽约15500千米。A、B两环之间就是宽度为5000千米的卡西尼环缝。A环向外依次为F、G和E环。其中,F环最窄,E环最宽。

然而,土星环究竟是怎样形成的呢?有人认为,如果一颗卫星距离土星太近,就会被土星瓦解,瓦解后的碎片就形成了光环。也有人认为,在土星环区的卫星和飞来的流星发生了碰撞,导致这些卫星被撞得七零八落,卫星碎片就成了土星环的"构成材料"。还有人认为,在土星形成初期,曾有过向外喷射物质的历史,土星的喷射物就形成了它的光环。然而,这些解释都只是假说,到目前为止,土星环究竟从何而来,仍尚无定论。

◀ 经过着色处理后的土星环看上去非常美丽。

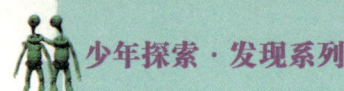

神秘莫测的六角云团

土星上的六角云团是什么东西？
土星上的云团为什么会是六角形的呢？

美国国立光学天文台的科学家们在研究"旅行者"2号发回的土星照片时，发现了一个奇怪的现象：在土星的北极上空有个六角形云团。这个云团以北极点为中心，并按照土星自转的速度旋转。

这一云团的出现，使科学家们不得不重新认识土星。该天文台根据六角云团的特征计算出土星的自转周期是10小时39分22.082±0.022秒，而在这之前，土星的自转周期则是根据它的周期性射电来计算的。

那么，这个神秘莫测的六角云团究竟是什么呢？美国宇航局的科研专家认为，这一云团是罗斯贝波，它是一种特殊类型的带状行星波，它具有很长的波长，出现时会导致大气大尺度振荡。在土星上，这种波被嵌在一个以每秒100米的速度向东喷发的喷流中。而且，六角云团至少被一个椭圆形旋涡摄动而向南移，这个旋涡的直径大约为6000千米。这样说来，如果土星的六角云团真的是一种波，那它为什么会呈六角形呢？关于这个问题，现在还没有一个令人满意的解释。

▷ 土星上的六角云团究竟为何物，它又是怎样形成的，现在还是一个谜。

土卫六会成为地球吗

土卫六和地球有哪些相似的地方?
土卫六会不会成为第二个地球?

2007年,"卡西尼"号土星探测器在近距离飞过土卫六时拍摄的雷达照片显示,土卫六表面分布着海岸线和蜿蜒的河道。据美国的一些科学家分析,土卫六表面的河道长达100余千米,而且还不同程度地拥有数目不等的支河道。有的科学家由此推测,虽然土卫六上的液体是由甲烷构成的,但这里也存在着蒸发和降水现象,而且还有大量的河系。

在太阳系中,只有土卫六和地球一样具有浓密的大气,其中富含氮气、甲烷及其他有机化合物,科学家们甚至还在这里找到了一氧化碳和二氧化碳的痕迹,所有这些情况都和45亿年前的地球极其相似。所以一些天文学家声称,当太阳进入暮年时,土卫六完全有可能成为一个新的"地球",孕育出新生命。然而,有的科学家却反对说,尽管土卫六有可能孕育生命,但其表面温度过低,会阻碍这一过程的发展。虽然这两种说法都有一定的道理,但真实情况究竟如何,还需要科研人员的进一步探索。

▷ 有人认为,土卫六可能会成为一个新的地球。

"双面"土卫八大揭秘

是太阳光让土卫八的"脸蛋"一半呈白色,一半呈黑色吗?土卫八的表面为什么会有黑暗物质呢?

土星的第八颗卫星——土卫八因其表面一半呈白色,另一半呈黑色,而被戏称为"阴阳脸"。过去,土卫八的"双面"现象曾经是困扰科学家的难解谜团。但是随着空间观测技术的发展,土卫八的神秘面纱开始被逐渐揭开。

2007年,根据"卡西尼"号土星探测器传回的最新图像显示,在土卫八围绕土星运转的过程中,在朝向太阳的一面,冰雪层开始融化,从而导致这一面的黑色物质暴露出来。随着表面温度的逐渐升高,最终该区域的冰雪层将完全融化,显现出沥青般的黑色;而未被阳光照射的那一面却仍被厚厚的冰雪所覆盖,显现出白色。

但是,土卫八表面的黑色物质是从哪里来的呢?有人认为,是来自其他卫星的粉状物质降落到了土卫八朝向太阳的一面,使得这一面与其他部分看起来截然不同。还有人认为,当土卫八绕土星公转时,朝向太阳的一面会自然而然地产生一层黑色物质,以增强冰层对阳光的吸收。看来,要彻底揭开土卫八的"双面"之谜,还需要继续探究。

随着空间观测技术的发展,土卫八的"双面"之谜一定会被解开。

身世离奇的土卫九

土卫九是被土星"捕获"的吗？
土卫九是不是形成于太阳系外缘？

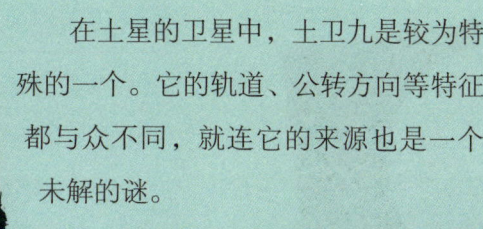

在土星的卫星中，土卫九是较为特殊的一个。它的轨道、公转方向等特征都与众不同，就连它的来源也是一个未解的谜。

2007年，"卡西尼"号土星探测器近距离掠过了土卫九，拍摄到了迄今为止质量最好的土卫九的照片。照片显示，土卫九与彗星有点相像，它的表面有许多较为明亮的斑块。科学家认为，这些明亮的斑块可能是较为干净的冰状物质。这说明，土卫九可能与彗星一样由冰、岩石和黑色有机物构成，它们都是45亿年前太阳系形成时留下的剩余物质。科学家由此推测，土卫九本是一个"外来客"，并非土星的"亲生骨肉"。它可能形成于太阳系外缘，"游荡"到土星附近后被这颗巨大的气体行星"捕获"，成为了它的卫星。

由于现在人们仍无法较近距离地对土卫九进行观察，所以关于它的形成之谜，目前还没有一个明确的答案。

▷ 能观测土星及其卫星的光学天文台

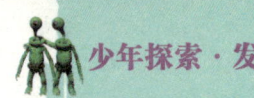

天王星自转之谜

天王星是"站"着自转还是"躺"着自转？
天王星是不是被一个天体"撞倒"过？

▲ 天王星

在宇宙空间，大多数的行星总是围绕着几乎与黄道面（行星绕日旋转轨道所在的平面）垂直的轴线自转，可天王星的轴线却几乎平行于黄道面。也就是说，天王星是"躺"着自转的。这样的运动方式使得天王星上的四季变化和昼夜交替变得十分奇特，太阳轮流照射着天王星的北极、赤道、南极、赤道。

但是，太阳系中的其他行星都是"站"在轨道面上进行自转，为什么天王星会有如此与众不同的自转方式呢？有人猜测，在天王星形成的初期，它可能和其他行星一样也是"站"着自转的。但是，不知道是什么原因，天王星被一个天体"撞倒"了，这个天体的质量和体积应该和天王星差不多，所以撞击产生的力量也非常大。强烈的碰撞一下子撞倒了天王星，使它再也无法"站起来"，于是就只有"躺"着自转了。但是，这种说法现在还没有找到充分的证据。所以，天王星为何会形成这种奇特的自转方式，到现在还是宇宙中的难解之谜。

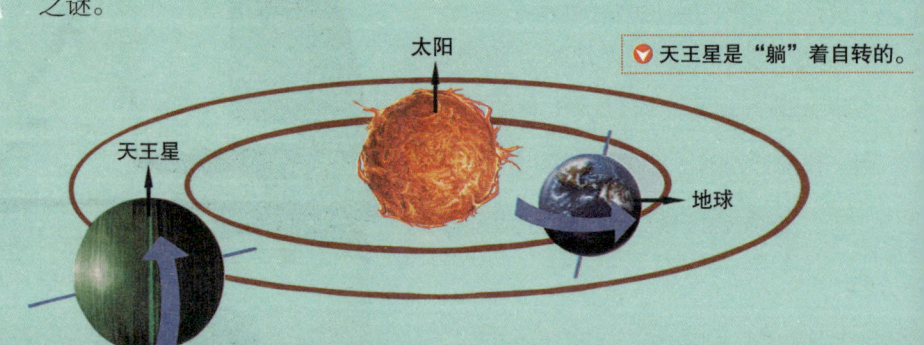

▼ 天王星是"躺"着自转的。

来历不明的蓝色光环

> 天王星的蓝色光环是怎样形成的？
> 还有哪些行星也有蓝色光环？

2006年4月，美国的天文学家们在天王星外围发现了一条高亮度的蓝色光环。他们不知道这条蓝色光环究竟从何而来。

研究发现，天王星的蓝色光环接近它的一颗卫星——"迈布"的轨道，这种情况和土星的蓝色光环接近土卫二的轨道相似。科学家们发现，土卫二地质活动频繁，在其极地附近有巨型"间歇性喷泉"活动的迹象。据推测，也许土卫二可能正在向周围空间喷射液态水。这说明，土星的蓝色光环是由土卫二内部的地质活动引起的。在太阳光的照射下，波长较短的蓝光和紫光遇到水分子时会发生强烈的散射和反射，于是我们见到的光环是蓝色的。有人因此认为，天王星的蓝色光环也是这样产生的。但是对于"迈布"来说，它的直径只有25千米左右，与直径达500千米的土卫二相比，存在地质活动的可能性不是很大，所以天王星的蓝色光环不可能是由"迈布"的地质活动引起的。因此，天文学家们目前还难以解释天王星这条蓝色光环产生的原因。

● 天文观测是研究天文学最直接的手段。

少年探索·发现系列

揭开海王星磁场的奥秘

海王星的磁场有哪些特点？
海王星的磁场为什么会显得与众不同？

20世纪80年代，科学家们通过研究发现，海王星的磁场与其他行星的磁场大相径庭，它的磁场有多个极，而且磁偏角很大，达到了47°。为何海王星的磁场情况如此反常呢？科学家们曾提出若干观点来进行解释，但都没有达成共识。

最近，美国哈佛大学的科学家指出，海王星磁场产生的地方是它的外壳，而地球磁场产成的地方在地核与地幔的交界面附近，那里有一个覆盖地核的电子壳层。地球磁场的产生就与它和地核有关。据科学家介绍，磁场是由行星中的导电体通过运动产生的。海王星的外壳是由水、甲烷、氨和硫化氢组成的带电流体，导电性能良好，而且它们还处于运动状态，这就使它能够产生磁场。只是由于海王星产生磁场的部位与地球不同，所以它的磁场才会显得很特别。

这一观点虽然很有道理，但它也只停留在猜测和推理阶段。要想对海王星磁场的形成有全面和准确的认识，还需要科学家们继续探索。

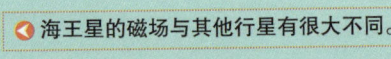

海王星的磁场与其他行星有很大不同。

最不可思议的宇宙未解之谜

冥王星 起源之谜

冥王星是怎样形成的？
冥王星的"前身"是海王星轨道内的大星子吗？

在罗马神话中，冥王星是冥界的首领。之所以得到这样一个名字，是因为它远离太阳，隐没在一片无尽的黑暗之中。正是因为冥王星距离地球非常遥远，所以人类对它的认识也是非常之少。例如，冥王星的起源问题就是一个未解的谜。

有些科学家认为，冥王星和海卫一不寻常的运行轨道以及相似的体积，使人们感到它俩之间存在着某种历史性的关系。他们提出，冥王星与海卫一都是行星的"星子"，即原行星。它们本来自由地运行在环绕太阳的独立轨道上。后来，海卫一被海王星俘获，而冥王星则成了一个独立的星体。而另外一些科学家则认为，冥王星是由海王星轨道内的大星子互相碰撞、融合形成的。后来，另一个星子又掠过冥王星表面，巨大的撞击力使它产生了自转。

目前，我们对冥王星的认识还非常少，无法对它的起源做出准确的判断。也许只有等宇宙探测器到达冥王星之后，才能解开有关冥王星的谜团。

▶ 向宇宙进军

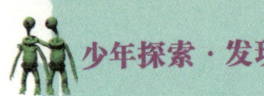
少年探索·发现系列

小行星引发的大争论

是大行星爆炸后的碎片形成了小行星吗?
小行星是不是大行星的"半成品"?

在太阳系中,除了八大行星以外,在红色的火星和巨大的木星之间,还有成千上万颗肉眼看不见的小天体,沿着椭圆轨道不停地围绕太阳运转。这些天体就是小行星。与行星相比,它们就像是微不足道的碎石头。在火星与木星之间,聚集了50万颗以上的小行星,形成了小行星带。

天文学家们根据成分和光谱将小行星大致分成三类。"硅质"小行星含有一个石质硅层包裹的铁镍内核,这种小行星约占15%。"金属质"小行星占10%,主要由铁和镍组成。"碳质"小行星数量最多,占了75%,它们含有丰富的碳。但令人感到迷惑的是,这些小行星究竟是怎样形成的呢?有一种理论叫作"爆炸说"。该理论认为,太阳系的第十颗大行星(这一理论提出时,冥王星还属于大行星)在亿万年前爆炸时,其碎片就分解成了千万颗小行星。虽然这个理论有一定的道

最不可思议的宇宙未解之谜

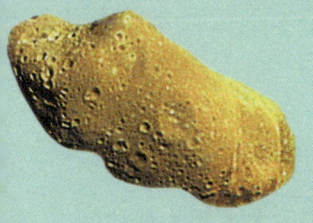
▲ 小行星

理,但这种设想最大的缺陷就是它无法解释清楚大行星爆炸的原因。

也有人认为,木星与火星之间的轨道上本来就存在着5～10颗体积较大的小行星。它们通过长时间的相互碰撞,逐渐解体,最后越来越小,越分越多,形成了大量的碎片,这就是我们今天观测到的小行星。

第三种解释是"半成品说"。这一理论认为,在太阳系形成初期,当其他的行星都在逐渐成形的时候,木星与火星之间正在形成行星的区域由于缺少某些必要的条件,最后并没有大行星出现,而是逐渐形成了大行星的"半成品"——小行星。

虽然这些解释各有道理,但都不能自圆其说,因而没有成为定论。不过,越来越多的天文学家认为,小行星记载着太阳系形成初期的信息。因此,探索小行星的起源是研究太阳系起源问题中不可分割的一环。相信随着空间观测技术的发展,小行星的起源之谜一定会被破解。

▼ 小行星也是太阳系中的主要成员。

探宇宙秘录
谷神星简介

谷神星是第一颗被发现的小行星,它是意大利天文学家皮亚奇于1801年偶然发现的。谷神星的直径约1000千米,距离太阳大约27.7个天文单位。

"塞德娜"星探奇

> "塞德娜"到底有没有卫星?
> 如果"塞德娜"有卫星的话,它会是什么样子的呢?

2003年11月14日,小行星90377被两位美国科学家发现,命名为"塞德娜"。观测表明,"塞德娜"呈红色,这一点和火星相似。而且,"塞德娜"距离太阳非常遥远,在近日点时,它与太阳的距离是76个天文单位;在远日点时则超过了1000个天文单位。有趣的是,与多数行星相比,"塞德娜"的公转轨道更接近一个标准的椭圆形,它围绕太阳旋转一周需要花费10500年。

▲ 探测宇宙空间

虽然"塞德娜"的直径约2000千米,体积大约只有冥王星的3/4,但它的自转周期竟长达40天。科学家们由此推测,它的附近应该有卫星。在两者的潮汐力相互作用下,"塞德娜"的自转速度就会变慢。但奇怪的是,天文学家利用超大望远镜进行探测后,根本没有发现这颗卫星的踪影。于是,"塞德娜"到底有没有卫星就成为了一大悬案。有些天文学家还对此提出了新的假说,他们认为,"塞德娜"曾经有过卫星,但可能在某次天体碰撞的过程中,这颗卫星被毁灭了。

经过详细计算与分析,英国天文学家钱得勒

等人认为，如果"塞德娜"真的有卫星存在，那么这颗卫星应该属于一种全新的天体。因为，如果要使"塞德娜"的自转速度放慢，这颗卫星将比现在已知的、最大的彗星还要大100倍左右。它的大小应该与卡戎星相仿，直径大约为1200千米。所以，它应当是一种除彗星与小行星之外的新天体。此外，科学家们还推测，这个天体表面的挥发物质已经全部蒸发，呈绒状蓬松结构，其内部有85%的空间都是空的。这样，射向它的光线有99%都被它吸收了。如此一来，这个天体看上去会无比黑暗，连"哈勃"太空望远镜都没法观测到。

▲ "塞德娜"星呈红色。

尽管现在人们并没有在太阳系中观测到这种新型天体，但钱得勒认为，如果这种天体真的存在，那么，在太阳系中类似的天体数量应当有上百颗。虽然它们很难被望远镜观测到，但它们发出的红外辐射完全有可能被别的仪器捕捉到。钱得勒提出，应该让红外望远镜或者射电望远镜加入到搜索中去。如果真的能找到这样一种天体，也许就能解释"塞德娜"的自转速度之谜了，我们拭目以待。

▼ 有科学家认为，使用红外线望远镜或者射电望远镜，有助于帮助我们找到"塞德娜"的卫星。

"塞德娜"星名字的由来

在因纽特人的古老传说中，塞德娜是生活在冰窟窿里的造物女神。因为小行星90377距离太阳极其遥远，表面温度从来不会高于－240℃，所以科学家们将其命名为"塞德娜"。

少年探索·发现系列

失而复得的小行星

> 是什么原因让"赫米斯"消失了66年之久?
> 又是什么原因促成了"赫米斯"的回归?

2003年,美国洛厄尔天文台的天文学家发现了一颗名叫"赫米斯"的小行星。这个发现之所以引起了人们的注意,是因为"赫米斯"在66年前被首次发现后,很快就从人类的视野中消失了。

据记载,"赫米斯"是在1937年10月28日由德国天文学家赖因穆特首次发现的,其直径约为1000米。2003年11月4日,它到达了近地点,届时它与地球的距离约为720万千米。

对"赫米斯"进行的观察表明,它居然是一颗具有"孪生"结构的小行星。数据显示,"赫米斯"是由大小差不多的两部分组成,这两部分几乎彼此连接在一起,并围绕同一个共同重心旋转,每21个小时就旋转一周。也就是说,小行星的两部分始终以同一个面彼此相对旋转。

关于"赫米斯",人们对它充满了疑问。例如:是什么原因使它消失了66年之久?又是什么原因促成了它的"回归"?它的"孪生"结构是怎样形成的?这样的小行星宇宙中还有多少?现在还没有人能够准确地回答上述问题。

▼ 破解小行星之谜还有待于人类的不断探索。

最不可思议的宇宙未解之谜

灶神星亮度之谜

> 在地球上可以看到灶神星吗？
> 灶神星为什么看起来那么明亮？

长时间观测星空的人会发现，在南部偏东的夜空中，有一颗明亮的星星会缓慢地向东南方向移动，它就是灶神星。灶神星又称第4号小行星，是德国天文学家奥伯斯在1807年3月29日发现的。他接受数学家高斯的建议，给它命名为"Vesta"。

观测显示，灶神星是最明亮的小行星，它的表面亮度大约是月球的3倍。当灶神星冲日时，地球处在太阳和它中间，这时我们就可以直接观测到它。为什么灶神星会如此明亮呢？这个谜至今也无人能解。有的科学家提出，这可能是因为灶神星有一个强大的磁场，这个磁场能保护它免遭太阳风带来的粒子的破坏。

2007年9月27日，美国东部时间7时34分，"黎明"号小行星探测器顺利升空，开始了它长达8年超过50亿千米的星际探索之旅。它将远赴火星和木星之间的小行星带，探测灶神星和谷神星。目前，"黎明"号小行星探测器已经拍摄了大量有关灶神星的资料图片，相信未来的某一天，科学家会据此解开灶神星的亮度之谜。

> "黎明"号小行星探测器的升空，也许会帮助我们破解灶神星的亮度之谜。

解析彗星的形成

奥尔特云是彗星的"故乡"吗？
彗星是不是太阳系外的"来客"？

彗星是沿扁长轨道绕太阳运行的一种质量较小的云雾状天体，由冰块和尘埃的聚结物组成。关于它的起源，至今仍然是个未解的谜。有人认为，位于太阳系边缘的奥尔特云就是彗星的"故乡"。由于受到其他恒星的引力影响，这里的一部分彗星会闯进太阳系内部，被我们人类观察到。

还有人认为，彗星是太阳系外的"来客"。他们解释道，当周期彗星运行到太阳附近时，由于它会受到太阳风的吹袭，组成彗星的物质便会脱离彗核，形成彗发和彗尾。如此循环往复，周期彗星每靠近太阳一次，就会造成一次物质损失。最后，彗星就会逐渐碎裂、瓦解。从这个过程可以推断出，宇宙中存在着一种产生新彗星以替代老彗星的方式，否则彗星的数量就会大大减少。而最有可能产生这种变化的地方，就在距离太阳105个天文单位之处。在那里，有一个巨大的彗星群。然而，这个彗星群迄今为止人们都尚未直接观察到。现在看来，要想破解彗星的起源之谜，还需要科学家们的不断探索。

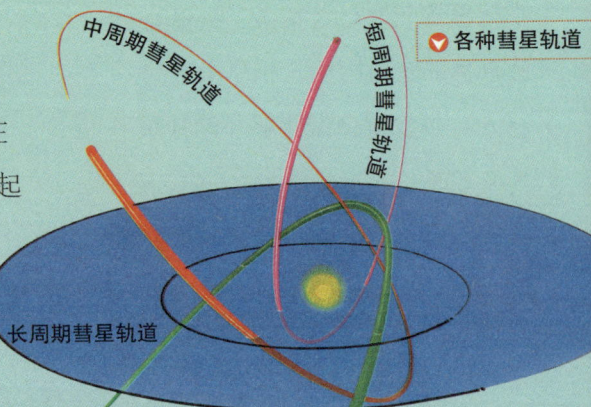

◆ 各种彗星轨道

中周期彗星轨道
短周期彗星轨道
长周期彗星轨道

最不可思议的**宇宙未解之谜**

怪异的哈雷彗星蛋

为什么每当哈雷彗星出现时，母鸡就会生下有彗星图案的鸡蛋？哈雷彗星蛋和哈雷彗星之间有联系吗？

1682年，当哈雷彗星出现时，在德国的马尔堡，有只母鸡生下了一个异乎寻常的蛋，蛋壳上布满了漂亮的星辰花纹。1758年，哈雷彗星再度出现，英国乡村的一只母鸡也生下了一个怪异的蛋，蛋壳上描绘有彗星的图案。1834年，哈雷彗星再次出现，希腊一位农夫的母鸡照例生下了一个彗星蛋。1910年，当哈雷彗星再度回归时，一位法国妇女的母鸡同样生下了彗星蛋！

就是这一系列的哈雷彗星蛋事件，使科学家们陷入了深深的沉思：这一枚枚精致的怪蛋，给人类带来了什么样的宇宙信息？它们为什么和哈雷彗星一样，周期性地出现呢？这两者一个在天空，一个在地上，彼此之间有联系吗……俄罗斯生物学家涅夫斯基认为，哈雷彗星和哈雷彗星蛋之间肯定具有某种因果关系，这种现象也许与免疫系统的效应原则和生物的进化相关。事实果真如此吗？这一切到现在都还是个谜。

❤ 为什么会出现哈雷彗星蛋呢？

少年探索·发现系列

解开尘埃身世之谜

> 恒星HD69830周围的尘埃是小行星相互碰撞形成的吗？是不是彗星爆炸留下了这片尘埃？

2005年，美国宇航局的工作人员通过"斯必泽"太空望远镜，在一颗类似太阳的恒星HD69830周围发现了一片尘埃。到了2006年，瑞士天文学家发现，有三颗行星在围绕着HD69830旋转，它们之间形成了一个类似太阳系的恒星系统。而且，在这个恒星系统中同样存在着一条小行星带。这些发现为天文学家们提供了一次难得的机会，让他们可以通过研究这片尘埃来窥探这个类似于太阳系的恒星系统。然而，科学家们首先要解决的问题就是，这片尘埃究竟是来源于小行星的相互碰撞，还是来源于彗星爆炸。

美国加利福尼亚州理工学院的查尔斯·白赫曼博士认为，小行星带是行星系统的废品站，那里堆积着行星的岩石废料，它们偶尔会相互碰撞，扬起一阵尘埃。所以，这片尘埃应该来源于小行星的相互碰撞。而且，这条尘埃带与太阳系中的小行星带相比，显得更为"厚重"，它所含物质是太阳系小行星带的25倍。如果太阳系中也存在一条如此高密度的小行星带，它的亮度将会照亮夜空，看上去就像一条

◀ "哈勃"是以光学观测为主的望远镜，而"斯必泽"是观测天体红外波段的望远镜。图为"哈勃"太空望远镜。

灿烂的光带。而且，这条尘埃带还非常靠近HD69830。众所周知，太阳系的小行星带位于火星和木星轨道之间，而这条尘埃带所处的位置却相当于金星轨道内侧。

然而，一些科学家对这种假说表示了质疑，他们纷纷提出了自己的观点。有人认为，可能是一颗相当于冥王星那么大的巨型彗星闯入了HD69830恒星系统的内侧，并且缓慢蒸发，最终留下了一片尘埃。这个假说之所以会被提出，是因为科学家们发现，恒星HD69830周围的尘埃是由微小的硅酸盐晶体组成的，这与人们在海尔-波普彗星上发现的晶体非常相似。

查尔斯·白赫曼博士也明确反对"彗星撞击形成尘埃"的理论。他认为，人们通过"斯必泽"和"地基"望远镜对恒星HD69830的观测，必将确定这些尘埃的来源究竟是小行星还是彗星。相信在不久的将来，这些尘埃的身世之谜将会大白于天下。

▶ 恒星HD69830周围的尘埃究竟是怎样形成的，现在还没有定论。

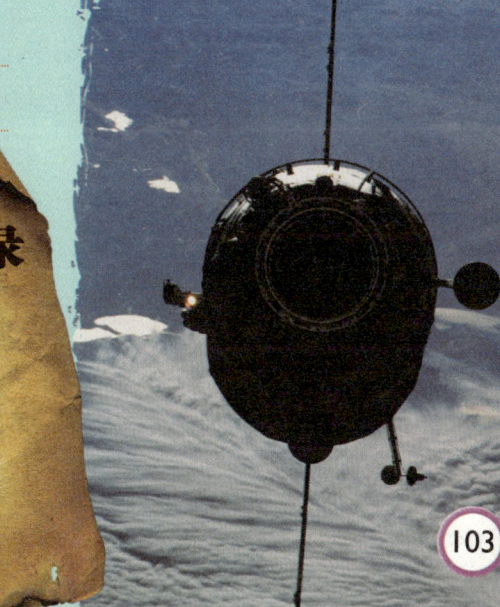

宇宙探秘录 Universe

"斯必泽"太空望远镜

"斯必泽"太空望远镜是美国宇航局在2003年发射的一颗红外天文卫星。它可以观测波长为3~180微米的红外波段，能够帮助人们了解银河系的核心、恒星诞生过程，以及太阳系外行星系统。

少年探索·发现系列

大爆炸与陨石有关吗

> 通古斯大爆炸是陨石撞击地球造成的吗？
> 除了陨石撞击之外，还有哪些原因会造成大爆炸呢？

1908年6月30日，在俄罗斯西伯利亚森林的通古斯河畔，突然爆发出一声巨响，巨大的蘑菇云腾空而起，天空顿时出现强烈的白光，气温瞬间灼热烤人。此次爆炸不仅烧焦了大片草木，而且还波及到了其他国家，甚至连远在大洋彼岸的美国人也感觉到了大地的抖动……这就是著名的"通古斯大爆炸"。

为了找到这次爆炸的原因，1921年，苏联政府派物理学家库利克率领考察队前往通古斯地区考察。他们在调查研究后宣称，此次爆炸是一次巨大的陨石撞击造成的。后来，美国科学家在实验室里用计算机模拟出了陨石高速撞地引发的大爆炸效果，计算机模拟很好地解释了冲击波扬起的地面尘埃高达大气外层，反射回的日光造成了当年通古斯周边地区出现强烈白光的景象。但是，研究人员始终没有找到坠落到地面上的陨石，甚至连陨石砸出来的深坑也没有发现，只找到了几十个平底浅坑。因此，"陨石撞击说"仅仅只是一种推测。

关于通古斯大爆炸发生的原因，由于众说纷纭，答案至今仍无定论。

▷ 是陨石撞击造成了通古斯大爆炸吗？

[第三章]

寻访外星人

　　浩瀚的宇宙，隐藏着千千万万的谜。是否有来无影去无踪的外星人，始终是人类的一个热门话题。实际上，到现在为止，还没有谁能十分肯定地证明外星人是确实存在的，也没有人能准确地告诉大家外星人到底长什么模样。他们是谁？他们从哪儿来？他们来访的目的何在？也许正是这些原因，我们的想象力才更加青睐这些未曾谋面的生命。而自从科幻电影诞生后，外星人的形象更是变得有声有色。在本章里，许多和外星人有关的故事将彻底激发你的想象，带领你去探寻外星生命的神秘。

探索地外智慧生命

除了地球之外，其他星球上还有生命存在吗？
宇宙中是不是真的有外星人？

在地球之外的茫茫宇宙中，究竟有没有生命？究竟有没有类似地球人甚至更高级的外星人存在？对于这个亘古未解之谜，科学家们众说纷纭，莫衷一是。

▲ 人类设想的外星人形象

有的科学家认为，既然我们人类居住的地球只是一颗普通的行星，那么有智慧的生命就应该广泛地存在于宇宙中。而且，人类对火星、金星、木星等星球的探索工作才刚刚开始，现在就断言宇宙中没有别的生命存在，似乎还为时过早。

这些科学家还说，有些人妄断地球的环境是完美无缺的，诸如只有一个大气压，温度、湿度正常……其实，这些标准是地球人自定的。我们不应该用地球上生命形成与存在的传统理论来衡量外星球，而忽略了它们之间在地理条件和自然环境上的不同。事实上，不同星球上的生物，都会以该星球的地理环境与自然条件作为

宇宙探秘录 Universe

生命存在的基本条件

科学家们认为，生命存在的基本条件包括：适度的光和热，有液态的水，有大气，有必要的组成物质。而且，这4个条件必须要维持很长时间，使生命有一个产生、发展、进化的过程。

最不可思议的宇宙未解之谜

其生存因素。为了证明这一理论的正确性，科学家们开展了各式各样的实验。他们在实验室里模拟出了木星上的环境，并在这样的环境条件下成功地培养出了细菌与螨类，从而证明生命并不是地球的"专利品"。而且，只要有生命的形式存在，就完全有可能进化出智慧生命。

但反对者却说，细菌与螨类只是低级的生命形态，尽管生命可能存在于宇宙中，但单细胞有机体转化成人的进化过程需要特定环境，而这一环境在宇宙中很难出现。因此，在地球以外还存在智慧生命的可能性非常小。

今天，有关外星人的传闻日益增多，但却没有任何证据能够证明他们是否存在。除了我们地球人，宇宙中究竟还有没有智慧生命？这个问题已经成为了当代科学界的一大未解之谜。

外星人来自何方

外星人的家是在外太空还是在地球上？
外星人是住在海底、南极、地球深处，还是住在沙漠？

外星人来自何方是一个大家都关注的问题。多年来，人们对外星人的来源提出了种种推测，归纳起来大致可以分为两类：一类是"宇宙基地说"，另一类是"地球基地说"。

支持"宇宙基地说"的研究者认为，外星人应该来自于外太空。它们由UFO运送到太阳系附近，在那里建立基地，然后进入地球空间。据推测，外星人可能在金星、火星、月球或某些卫星上建立了"中转站"。

然而，有不少人认为外星人并非来自外太空，他们的基地应该就建立在地球上。这一观点又被分成了"海底基地说"、"南极基地说"、"地内基地说"和"沙漠基地说"几类。

加拿大的科学家让·帕拉尚等人首先提出了"海底基地说"。他们经过调查研究认为，在几万年前，大西洋上有过一个文明高度发达的大

有人认为，外星人可能生活在海底。

有人认为，广袤的沙漠也有可能是外星人的基地。

最不可思议的**宇宙未解之谜**

西国，后来可能因为战争、洪水或者是星球撞击等原因，大西国沉入了洋底。大西国人随之来到海底生活，在那里建立了永久性基地。但他们有时会乘坐UFO冒出海面，造成了各种奇异现象。

UFO专家安东尼奥·里维拉则认为，南极就是外星人的基地。他经过调查得知，第二次世界大战末，德国人设计出了几个飞碟，其中有几架被运送到了南极。可是这种假说明显证据不足，它一经提出就遭到了人们极大的质疑。

德国的UFO专家威廉·哈德森认为，外星人应该居住在地球深处，深山峡谷或地层裂缝就是他们的天然出口，这就是"地内基地说"。非洲大峡谷地带是UFO案例的多发区，这似乎正好支持了这种假说。

另外，法国的UFO专家亨利·迪朗经过调查后提出，广袤的沙漠可能就是外星人基地。沙漠大都地域辽阔，地形复杂，气候多变，还蕴藏有丰富的矿产，对外星人来说是一个不可多得的研究对象。而且，很多著名的UFO事件都发生在沙漠地带。

外星人究竟来自何方，答案众说纷纭，各有道理。相信随着UFO研究的深入，真正的答案会越来越清晰。

▶ 据说，外星人可能居住在地球深处，大峡谷或地层裂缝就是出口。

宇宙探秘录 Universe

外星人的故乡

现在有一些研究者提出，除了火星、金星、木星之外，外星人甚至有可能来自网罟星座、昴星团、天狼星、牧夫星座、鲸鱼星座，它们都有可能是外星人的故乡。

109

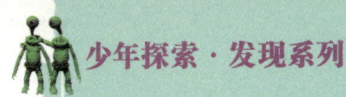

外星人形象之谜

外星人大概长什么模样?
外星人的样子有哪些地方和我们人类不同?

外星人的相貌和体态一直都是人类最感兴趣的话题之一。为了突出外星人的神秘和与众不同,设计者们常常使他们以最奇特的形象出现在画报或屏幕上。可是,外星人究竟长什么样呢?

科学家们认为,外星人的相貌和体态,是由他们所处的生态环境,以及居住星球的光源、磁场、电场、引力、温度和他们的遗传因子、进化过程所决定的。所以,不同种类的外星人可能有着迥然不同的外貌特征。根据很多目击者的描述,外星人的形象大致有以下一些特点:

体型:身高一般是90～150厘米,有的高达3米以上。与躯干相比,脑袋显得格外硕大,下巴窄而尖。

▷ 不同种类的外星人可能有着不同的外貌特征。

宇宙探秘录 Universe

带蹼的外星人

青蛙、鹅和鸭等动物的脚上都带有蹼。然而,有些外星人的手指和脚趾间也有蹼存在。据说,1987年,在苏联的一个村庄里,人们就发现了一个手指和脚趾间有蹼的外星婴儿。

最不可思议的宇宙未解之谜

皮肤：大部分是灰色、白色、棕色。有的人还认为，外星人的皮肤看上去很柔软，而且富有弹性。

眼睛：很大，但双眼之间距离较宽。有的目击者称，外星人没有眼珠和眼皮。还有目击者说，外星人的眼睛看上去炯炯有神，这可能是因为他们和我们人类属于不同人种的缘故。

鼻子：只有两个小小的呼吸孔。但有目击事例显示，外星人也有鼻孔。

嘴巴：有的目击者说，外星人的嘴巴就是一道细缝，几乎看不到嘴唇，也没有牙齿。还有的目击者认为那就是一个洞，有的外星人甚至根本就没有嘴。

胳膊和手：外星人的胳膊细而长，下垂过膝。他们的手也是各不相同，有的只有四指，有的则像地球人一样有五个指头。

声音：有的外星人好像在身上安装了电子设备，嗡嗡作响。有的外星人则会发出低沉的哼哼声。

尽管人们对外星人相貌的描述多种多样，但由于我们缺少有力的图片证据，所以还不能对外星人的形象做出一个准确的描述。由此看来，如果想清楚地得知外星人的相貌，只有依靠人类的不断探索了。

▶ 猜测中的外太空中的智慧生命

外星人怎样维持生命

外星人是不是和我们人类一样,也要吃饭、喝水?
外星人是用哪种方式来获取能量的呢?

许多目击者声称,外星人不吃饭、不喝水,但他们的大脑却十分发达,而且他们本身还具有强大的磁场。面对如此奇特的地外生命,人们不禁会问:外星人是怎样进行新陈代谢,又是靠什么来维持生命的呢?

科学研究发现,外星人与地球人获取能量的方式有很大的差别。人类主要是通过食物和水来维持生命,这是由地球的生态环境决定的。同样,外星人的能量摄取方式也是由他们所在星球的环境决定的。有些专家认为,外星人是通过宇宙空间的巨大磁场来吸收太空中的某些物质,然后再将它们转化成维持生命的能源。他们有着比人类更高级、更神奇的新陈代谢功能,其呼吸系统、血液循环系统很有可能就是他们维持生命的器官。

虽然这种观点现在已经被大多数科学家接受,但是迄今为止,还没有任何一个人能够为此说法提供充分的证据。因此,外星人究竟以何种方式来获取能量,到现在也还没有确切的答案。

一种观点认为,UFO上的热能可以为外星人提供维持生命所需要的能量。

外星人也会死亡吗

外星人可以活到多少岁？
外星人是不是永远都不会死去？

人类印象中的外星人是一种可以消除一切疾病，靠吸收宇宙中的能量来维持生命的生物。既然不会生病，又有无限的能量来源，那他们还会死亡吗？一些科学家估算，外星人的平均寿命是2000岁，到了这个年纪以后，他们就会进入老年，生命也开始逐渐走向死亡。这些科学家的观点不是没有依据的。据说，在德国发生的一起外星人事件中，一位女外星人就告诉地球人，她的年龄已经有350岁了。而且，他们那个星球的人的平均年龄已经达到了1000岁。

但是，有的研究人员却不同意这种说法。他们认为，外星人体内没有衰老机制，只有新陈代谢，他们可以通过吸收太空能量，阻止身体细胞的衰老。这样一来，纵然他们已经年迈，但还是会保持年轻的状态，甚至可以使自己获得新生，成为可以恒久存在的生物。

现在，虽然这两种说法都有一定的道理，但人类毕竟还没有找到关于外星人的真实线索，所以外星人是否也会生老病死也就无从判断，这一切都还是一个谜。

▶ 有人推测，长寿的外星人只有不断向其他星球移民，才能保证他们拥有足够的生存空间。

少年探索·发现系列

外星人如何与人类交流

> 外星人是不是会说包括英语、法语等在内的所有人类语言？
> 外星人是通过心电感应和我们人类交流的吗？

外星人来到地球，如果他们要和人类沟通的话，会使用哪种语言呢？有人认为，外星人会讲流利的英语。据说1961年，一位自称目击过外星人的妇女回忆说，当外星人和她交流时，他说着纯正的英语，其大概意思是："在火星上，我们从大气中获得食物，但是现在大气越来越稀薄了，所以我们要寻找新的生存场所。"

也有的人认为，外星人讲的是法语。据说，1950年，法国的一位男子称，他在散步时遇到几个外星人正在修理飞碟上的机器零件。这位男子出于好奇，就走上去问他们："出了故障吗？"外星人也用法语回答说："是的，不过一会儿就修好了。"据他回忆，这个外星人讲法语时慢吞吞的，发音也不是特别清晰。甚至还有人认为，外星人讲的是西班牙语。一位目击者说，外星人曾用西班牙语对他说："我们来自金牛座中的昴星团。希望你跟我们走，

想象画：与外星人交谈

114

以便认识一个新的世界，那里有许多有益于地球人的优越条件。"这位目击者称，这些外星人的样貌与北欧人相似。

但是，有些目击者却认为，外星人是通过心电感应和他们交流的。这些目击者说，平时他们并不具备心电感应的能力，但人的思维是一种信息波，外星人可以接收、翻译甚至控制这种波。所以，当他们和外星人接触后，很自然地就拥有了心电感应的能力。

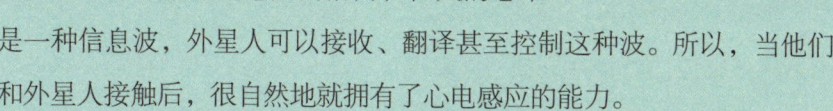
▲ 想象画：外星人光临地球

还有人提出，外星人和我们人类对话是通过某种仪器来完成的。有目击者说，外星人当时是拿着一个盒子状的仪器，经过反复调节上面的按钮，盒子里就发出了我们人类的语言。所以研究者推测，这个盒子应该属于语言翻译机之类的东西。

尽管以上的假说都有一定的道理，但直到现在也没有人能够准确说出，外星人究竟会使用哪种甚至哪些语言。而且，目前也没有可靠的证据证明心电感应和语言翻译机是否真的存在，这些问题到现在还是未能解开的谜。

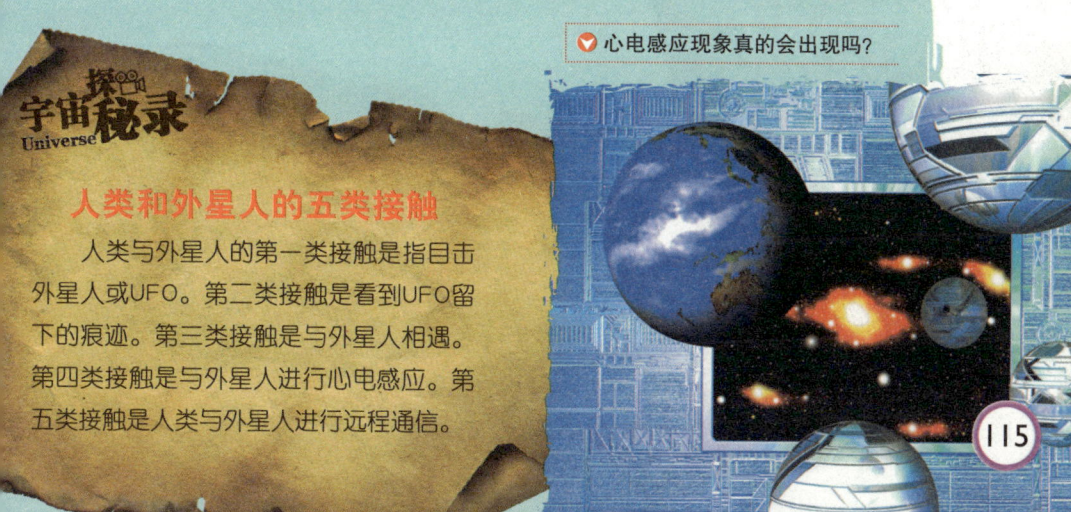
▼ 心电感应现象真的会出现吗？

宇宙探秘录 Universe

人类和外星人的五类接触

人类与外星人的第一类接触是指目击外星人或UFO。第二类接触是看到UFO留下的痕迹。第三类接触是与外星人相遇。第四类接触是与外星人进行心电感应。第五类接触是人类与外星人进行远程通信。

少年探索·发现系列

外星人是否隐居地球

真的有外星人住在地球上吗？
外星人为什么会选择地球作为他们的居住地？

据说，1987年4月，瑞典科学家希莱·温斯罗夫等人在扎伊尔东部的原始森林里进行考察时，意外地发现了一个外星人居住的村落。这些外星人还带领他们参观了当年来地球时乘坐的飞船。这个飞船是银色的，呈半圆形，现在已经锈迹斑斑了。

温斯罗夫介绍说，这些外星人的皮肤是黑色的，白色的眼睛里没有瞳孔。他们会使用地道的瑞典语和英语。因此，温斯罗夫在同外星人的交谈中了解到，他们是为了躲避火星上流行的瘟疫，于176年前乘飞船来地球避难的。当年来地球的共有25人，经过繁衍生息，他们的后代已经有50多人了。科学家们还发现，这些外星人直到现在还掌握着大量的宇航知识，只不过他们已经无法返回火星了。

◀ 这些洞穴与外星人有关吗？

宇宙探秘录 Universe

天狼星上的来客

居住在非洲南部的多贡人非常熟悉天狼星。他们宣称，有关天狼星的知识是加拉曼特人告诉他们的。但是，研究者们找不到任何有关加拉曼特人的信息，所以他们推测，这些加拉曼特人可能是来自天狼星的外星人。

最不可思议的宇宙未解之谜

无独有偶,据说1988年9月,在巴西境内亚马孙河流域的原始森林里,德国人类学家威廉·谢尔盖也发现了这样一个外星人部落。当他走到部落的祭坛前时,被这个部落崇拜、祭祀的"天空之神"的形象惊呆了,因为"天空之神"看上去竟跟火星上的人面石一模一样。谢尔盖详细询问它的由来,部落长老却没有做出详细解释,只是不断地说着"红色行星"这样一个词语。谢尔盖明白,"红色行星"指的就是火星。后来,围上来的村民们插话说,那个"天空之神"是天外使者带来的。对原始森林里的神秘部落,巴西政府一直保持沉默。但是,一位高级官员却以私人身份透露了这样一个消息:亚马孙河流域确实存在着与不明飞行物接触过的神秘部落。

难道真的有外星人隐居于地球?他们是出于什么原因,又是怎样来到地球的呢?这些谜团到现在也没有解开。

▷ 神秘村落里的人是否真的来自火星,现在还无人知晓。

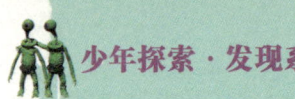

"黑衣人"疑云

"黑衣人"是什么样子的?
"黑衣人"就是外星人吗?

一些UFO的目击者,或者是尝试透露UFO秘密的人,有时会受到"黑衣人"的威胁与恐吓,要求他们不准泄露秘密。多年来,有关"黑衣人"的事件一直备受关注。那么,"黑衣人"究竟是什么样的人呢?根据描述,他们大都是彪形大汉,身穿黑色衣服,有着"东方人的脸"。

既然"黑衣人"如此神秘和恐怖,那么他们究竟来自何方,又是些什么人呢?加拿大的一些研究者认为,"黑衣人"就是外星人,他们在大海深处设立了基地。而且,很多轮船失踪事故可能也与"黑衣人"有关。

这些研究人员的观点并非没有依据。据说,1951年,在美国佛罗里达州的基韦斯特发生了这样一件怪事。一天,好几个海军军官和水

▼ 想象画:外星人的基地

手正驾驶着一艘汽艇在海面上疾驶。突然，一个雪茄状的物体出现在海浪上，并发出一种脉冲式的光。很快，出现这个雪茄状物体的海面上漂浮起一大片死鱼。这时，地平线上出现了一架飞机，而那个雪茄状的物体也随即升入高空，几秒钟后就消失得无影无踪了。汽艇靠岸后，艇上的军官和水手就遇上了一群身穿黑色衣服的人。据当事人回忆，这些"黑衣人"要求他们必须对目击事件保持缄默。

▲ 根据描述，"黑衣人"大都是彪形大汉。

除此之外，这些研究者还强调，"黑衣人"不是对所有的飞碟研究都表示反对，他们袭击的对象仅仅是那些"发现外星人在地球上的落脚点的人"，同时还鼓励人们朝着"飞碟来自外星球"的方向进行研究。这似乎说明，"黑衣人"在竭力保护他们建立在地球上的基地。

直到现在，"黑衣人"的来历、身份以及他们来到地球的任务，一直都是研究者们争论的话题，以上这些假说仅仅是众多观点中的一种，笼罩着层层疑云的"黑衣人"到现在还是一个谜。

▷ "黑衣人"之谜到现在也无法解开。

本德事件

在"黑衣人"事件中，据说最令人震惊的就是本德事件。本德是美国民间机构国际飞碟局和《航天杂志》的负责人，他曾在三个"黑衣人"的胁迫下解散了国际飞碟局，《航天杂志》也因此停办。

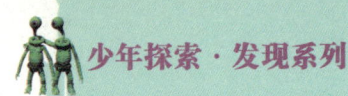

神秘的天外来客

外星人为什么会频频"光顾"地球?
外星人对待地球人是一种什么样的态度?

据说,1984年10月8日,在意大利的拉帕齐泰村发生了一件非常怪异的事情:当时,57岁的农民朱塞佩·科科扎正在地里干活。突然,他发现不远处站着一个人,大概只有1.2米高,浑身上下看起来毛茸茸的。这个人的脑袋上好像戴着一顶头盔,背上背着一个像箱子一样的物体。一根套管从这个物体的上面伸出,与头盔相连。另一根套管从背包的底部伸出,从那人的背部与背包之间穿过。当时,这个怪模怪样的人好像正忙着用一个仪器勘察地面。

看到这副情景,朱塞佩吓得叫了起来。那个人听到声音后,停止了工作,并转过身来看着他。朱塞佩立即

◆ 想象中的外星人"光顾"地球。

▲ 在意大利的一个村庄里，有位农夫曾声称自己看到了外星人。

发现，这人的眼部有条又长又宽的缝，还闪烁着光芒。很快，那人消失了，身上还发出淡蓝色的光和电子仪器的声音。一会儿，一个不明飞行物就悄无声息地飞向了天空。这个来去匆匆的家伙究竟是谁呢？很多人推测，他可能就是一个前来探测地球情况的外星人。

像朱塞佩这样近距离遭遇外星人的例子还有很多。据说，1952年11月20日，美国人亚当斯基在加利福尼亚州的沙漠中进行科学探索时，看到了一个圆盘状飞行物。它停下来后，从上面走下来了一个陌生人。这人身高1.65米左右，头披金色长发，身穿棕红色连裤服，看上去很漂亮。他主动与亚当斯基用手势交谈，说他来自金星。后来，这个金星人还借走了亚当斯基手里的玻璃感光片。更令人惊异的是，十多天后，金星人再度出现，并把玻璃感光片还给了亚当斯基。这时他发现，玻璃片上出现了许多字母样的图案，它们代表的意思至今也无人能解。

多年来，人们一直认为外星人对地球人充满了攻击性，但以上这些事例却对这一观点做出了反驳。但是，这些外星人来到地球的真实意图，至今也无人知晓。

外星人送给地球人的礼物

在世界各地的目击者报告中，很多人都声称收到过外星人送给他们的礼物。这些礼物包括金属片、小石头等，有位美国人甚至从外星人那里得到了一块饼。

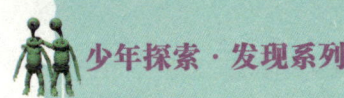

少年探索·发现系列

"欧洲孤儿"之谜

"欧洲孤儿"加斯帕尔·豪萨真的是一个外星人吗?是谁杀死了"欧洲孤儿"?

据说,在1828年5月20日晚,在德国纽伦堡骑兵上尉威塞尼西的家里,出现了一位十六七岁的少年,他还带着一封写给上尉的信。信上说,这个少年叫加斯帕尔·豪萨,生于1812年4月30日,他在1815年冬天的一个夜晚被人丢弃在一户人家门前,那家人将他抚养到了16岁,对他的过去至今仍一无所知。写信人还说,希望上尉能让这个少年加入纽伦堡的骑兵第六连队。但是,面对上尉的提问,少年一个都答不上来。无奈之下,上尉只好把他交给了警察,警察又把他送到了收容所。

令人惊异的是,这个少年不知道周围的事物,也不知道昼夜的交替,连太阳和月亮都没有见过。不过,他的长相和举止却非常文雅,显得气度不凡,人们称他为"欧洲孤儿"。

◀ 据说,神秘少年对地球一无所知,连太阳都没有见过。

宇宙探秘录 Universe

杂居说

有人认为,外星人就生活在我们普通人中间,这就是"杂居说"。在一些照片中,研究者们发现,个别人的头周围被一种淡绿色的晕圈环绕,显得非常特别。他们推测,这些人有可能就是外星人。

122

最不可思议的宇宙未解之谜

有关加斯帕尔·豪萨的传闻在纽伦堡不胫而走，中学教师道梅尔听到这个消息后，马上对少年进行了调查。他发现，这个少年的心理状态没有什么异常。他把少年接回家悉心照料，并试图了解他的过去。据少年回忆，他从记事起就住在一间黑暗的小屋内，没有时间的概念。

▲ 德国纽伦堡

不久之后，厄运突然降临。1833年12月13日，少年在公园里遇到了一个神秘男子。这个男子殷勤地对少年说："你愿意明天的这个时候到这里来吗，殿下？"说完这个男子就消失了。第二天，少年带着满腹疑惑来到了公园。昨天出现过的那个男子突然冲了过来，将一把利刃刺进了他的腹部，然后便逃之夭夭，少年短暂的一生就此终结。

加斯帕尔·豪萨的经历直到今天仍是一个不解之谜，很多人都怀疑他其实就是一个生活在人类世界中的外星人。1930年，美国的神秘事件研究家查尔斯·福特也提出，加斯帕尔·豪萨不是我们这个世界的人，他来自遥远的宇宙。事实果真如此吗？现在还没有人能够回答。

▼ 也许外星人就生活在我们身边。

骇人听闻的"屠牛事件"

牛是被外星人杀死的吗?
外星人杀死了那么多牛,是不是要用它们来做生物实验?

在世界各地的目击者报告中,研究人员常常发现,外星人会劫持地球上的动物来进行生物实验。

据说,在美国的阿肯色州、俄克拉荷马州、密苏里州、蒙大拿州等地,都发生过骇人听闻的"屠牛事件"。迄今为止,被残害的牛已达上万头。这些牛有的被抽光血液,有的被割走内脏,有的被割掉了眼耳口鼻和生殖器。而且,有5头牛同时被杀,却莫名其妙地等距离摆放成一条直线。更令人惊异的是,无论在哪一个屠牛现场,人们都没有发现血迹,牛尸周围没有挣扎的现象,附近农场里的人也没有听到任何声响。这样一来,牛群的死因无法确认,连法医都不能确定凶手使用的凶器和杀牛方法。

更为奇怪的还在后面,这些牛的尸体经过一个多

宇宙秘录 Universe

外星人的生物试验

不久前,巴西科学家狄米路对新闻界声称,他在亚马孙河流域的森林里发现了600多名被外星人绑架而失踪多年的人。据报道,这些人大都接受过外星人的医学生物实验,有些人的额头上还留有疤痕。

◀ 很多人认为,"屠牛事件"是外星人在进行生物实验。

最不可思议的宇宙未解之谜

月的风吹雨打,丝毫也没有腐烂的迹象,连苍蝇都"望而却步"。

农场里的人说,这些牛平时都是散养的,要想套住一头四五个月的牛仔,需要许多男人骑上马通力合作。可是在现场,一点套牛的痕迹也没有。有些牛像是从高空掉下来摔死的,因为除了刀伤之外,有的牛的腿骨和肋骨都断裂了。但是,是谁在高空逮住了它们呢?这不像是人类所为。因为一旦我们的直升飞机靠近牛群,它的声响和强大的气流早就会将牛吓得狂奔乱窜,而且这些牛的身体上又没有被麻醉和被毒死的迹象,更没有枪击的痕迹。

面对种种疑惑,人们不禁要问,究竟谁是罪魁祸首?据研究人员说,在牛尸周围的地面上,有一片焦黑的土地,像是被某种放射性物质灼烧过。另外,研究人员还在周围发现了类似UFO降落的痕迹——在直径大约为4米的圆形中有两层圆圈,像是UFO的支柱留下的。因此很多人认为,这种骇人听闻、前所未有的屠杀,是外星人在进行生物实验。真相果真如此吗?这个谜至今还没有解开。

▶ 有些人声称,他们亲眼目睹了外星人杀死小牛的情景。

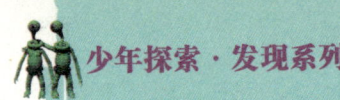

神秘地图 出自谁手

雷斯地图是外星人绘制的吗?
外星人为什么要绘制地图呢?

据国外媒体报道,通过对历史上一些古老地图的研究,一些科学家得出了一个令人难以置信的结论:外星生命曾经在地球上出现过,而证据就是那些古老而神秘的地图。

这些地图中最著名的要数16世纪初的土耳其海军司令皮利·雷斯收藏的雷斯地图了。在这张地图上,可以清楚地看到用土耳其语标注的美洲地形,其板块一直延伸到了拉丁美洲的最南端。让人称奇的是,除了南北美洲和非洲海岸线外,连南极洲的轮廓都丝毫不差地描绘在了地图中。可南极山脉近6000年来一直被冰雪覆盖,人类直到1952年才靠回声仪将其测绘出来,雷斯地图的最早绘制者又是如何知道冰雪下的南极山脉的形状呢?

古地图研究者冯·丹尼肯对此得出的结论是:这张地图可能是在南极洲冰封之前,也就是6000年前绘制出来的!我们人类的祖先不可能绘制出这样精确的高空投影地图,只有外星人才有可能是这幅地图的最早绘制者。事实果真如此吗?现在还不得而知。

▶ 南极冰川

[第四章]

追踪UFO

古今中外，关于UFO的记载有很多。很多人声称自己看到了UFO，在人们的叙述中，它的样子有盘形、球形、雪茄形、鸡蛋形……当它们从空中掠过的时候，无一例外地闪烁着耀眼的光芒。随着航天事业的发展，人类探测到的宇宙空间越来越远，对宇宙的认识也越来越深，但对UFO却总是不甚了解：它到底是什么？来自何方？有哪些特异功能？对于这些问题，人类正在进行严肃的思考和艰苦的探索。阅读本章，你将从中窥视到这个神秘诡异的世界。

少年探索·发现系列

UFO真的存在吗

> 到底有没有UFO？
> 人们在天空中看到的异常现象都是UFO吗？

"UFO"俗称"飞碟"，是迄今为止人类尚未解开的诸多谜团之一。两千多年来，这个怪影一直在天空中徘徊。中国宋代的著名科学家沈括，在《梦溪笔谈》中曾非常生动地描述过它。古代西方曾称呼它为"众神之车"。直到1947年，美国人才称它为"飞碟"。后来，人们又发现它具有多种多样的形态，不仅仅只是一个"碟子"的形状，于是便称呼它为"不明飞行物"（Unidentified Flying Objects），缩写为UFO。

那么，UFO真的存在吗？相当一部分科学界人士对此持否定态度。在美国空军调查了17年后发表的《蓝皮书调查计划（1952～1969年）》中就有着准确的记录。参加这个计划的委员会共拥有37名专家，他们花了两年时间，对12618件目击案例进行了严格的科学鉴别，又从中选取91起作为重点研究对象，最后他们做出了这样的结论：在目击案例中大约有80%左右的现象属于流星、人造卫星、云朵、幻影，或是海市蜃楼、鸟群等自然现象。除此之外，剩下20%的UFO目击案例因为缺乏有力证据，无法做出确切解释。

◀ UFO就是"不明飞行物"的英文缩写。

但是，也有不少科学家认为UFO真的存在。他们提出，太阳系只是一个普通星系，银河系中适合生命存在的行星大约有1000亿颗，其中适合高级生命居住的不下于百万颗，其文明的进化程度也许远远超过了人类。

另外，美国芝加哥大学的教授圣托斯博士用电脑分析了从1947年到1977年间5万多起UFO目击报告后指出，UFO"访问"地球的活动周期为61个月。除此之外，连美国前总统卡特和里根都认为，UFO是存在的。

现在，通过大量的资料研究，人们对UFO已经有了一定的认识。但是，关于它是否真的存在，目前仍是众说纷纭。要想解开这个谜团，还需要人类的继续探索。

宇宙探秘录 Universe

UFO的异常特征

通过大量研究，有的科学家认为，UFO具备一些异常特征，它们包括：几何外形与尺寸特异、高超音速、反重力飘浮、反应灵敏、隐形、发光、自由出入海空、水下高速深潜、放射性现象等。

◀ UFO可能具有多种多样的形态。

UFO形状之谜

UFO像足球、雪茄、面包圈、茶杯，还是陀螺？UFO有哪些形状呢？

很多人都声称自己见到过UFO。据统计，美国有关部门每天要收到200多份关于UFO的报告，可是每份报告的内容都不尽相同，比如关于UFO的形状至少就有20多种说法。

根据那些自称看见过UFO的人说，它像两个倒扣在一起的盘子，圆鼓鼓的。还有人说UFO是三角形的，棱角分明。在人们眼中，有的UFO像足球，有的像雪茄，有的像面包圈，有的像茶杯，还有的像陀螺。更为奇特的是，UFO还有香肠形、草帽形，有的还酷似我们人类制造的飞机。由此可以看出，UFO的形状似乎并不固定。

另一方面，根据多年研究，专家们将UFO的形状分为十多种，它们包括火流星状、光斑状、亮星群状、飞棒状、飞棍状、螺旋状、扇状、光团状、球形闪电状、空中怪车、飞碟状、纺锤状等，其中螺旋状、扇状、光团状UFO可能较为常见。

然而，UFO存在与否目前尚未确定，关于它的形状自然也就众说纷纭，所以这个问题到现在还是一个谜，没有准确的答案。

光斑状是UFO的形状之一。

最不可思议的宇宙未解之谜

UFO究竟有多少种

> 如果以大小为标准，UFO有多少种？
> 哪种UFO据说常常绑架人类？

研究者们以大小为标准，将UFO分为4类：

第一类：超小型无人探测机。它的直径为30厘米左右，通常为球形或圆盘形。

第二类：小型侦探机。它的直径在1～5米，曾有人目击到有如此大小的UFO着陆，并从中走出外星人，然后进行各项调查。

第三类：标准型联络船。它的直径在7～10米，以圆盘形较多，是最为常见的UFO，可能用作与外太空进行联络。地球人被外星人绑架的事件，几乎都是此类UFO的"杰作"。

第四类：大型母船。它的直径有上百米，以圆筒形及圆盘形居多，目击者大都是在高空看到它。有许多目击者指出，在大型母船中，经常会有小型或标准型的UFO飞进飞出。

◎ UFO的种类多得数不胜数。

如果以外形为标准，UFO就可以被分为碟子形、圆圈形、雪茄形、茶杯形、陀螺形等，种类非常之多。所以，UFO究竟有多少种，现在还没有一个准确的说法。

少年探索·发现系列

"天书"疑云

> "天书"是UFO写给人类的吗?
> "天书"代表什么意思呢?

很久以前人们就发现,有些UFO表面带有某种奇怪的符号、文字和图形,人们把它们统称为"天书"。

1966年3月22日,据一位巴西青年说,看见天空中出现了一架鱼形UFO,它的外壳上竟然带有"T14768"的标志。同样的事件在俄罗斯也出现过。在赫尔松州省,据说人们发现一架UFO上不仅写有数字,这个数字竟然还会变化——它由"141"变成了"157"!

1985年12月22日,在俄罗斯的兹维列沃市上空,突然出现了"?!"这样的符号。据目击者说,奇怪的符号是在3架UFO消失后才出现的。至于它代表什么意思,没有人能够说清楚。

更令人迷惑不解的是,UFO的外壳上有时还直接出现一些投影式的人脸或人体的形象。1989年8月,在俄罗斯的哈卡斯,一架UFO在空中飞行时留下了一个卵形大斑点。UFO消失后,这个大斑点突然变成了一个表情活灵活现的男人的面孔。这张"脸"沿着天空慢慢移动,直到变得模糊不清了才消失在一片树林的后面。一位目击者强调说:"当那个像'脸'一样的东西消失在树林后面时,森林上空便

◀ 令人不敢相信的是,UFO的外壳上据说有时还会出现人脸的形象。

最不可思议的宇宙未解之谜

出现了一片运动着的彩色涟漪。"

1990年3月14日夜间,在俄罗斯南乌拉尔铁路的卡塔尔车站,值班员们发现,在离他们约500米处的车站天桥附近,居然出现了一架火球状的UFO。它最初呈红色,后来又变成月亮一样的淡黄色。而且,他们还发现在火球状的UFO里面有一种类似人脸的东西。过了一会儿,"火球"离他们更近了,并悬停在空中一动不动,然后又突然转瞬即逝。这一切都让人感到惊悚不已。

"天书"究竟从何而来,它又代表什么意思呢?有人认为,"天书"也许是外星人试图同地球人进行接触的一种方式。也有人提出,"天书"也许暗示着我们人类创造的文明和某种外星文明非常相似。事实果真如此吗?现在还不得而知。

▷ "天书"之谜,直到现在也无人能解。

萨里斯克密码

1989年9月15日,据说在俄罗斯的萨里斯克市上空突然出现了一些数字和符号,看上去就像一串密码。有人认为,它就是外星文明写给人类的"天书",因此称它为"萨里斯克密码"。

少年探索·发现系列

置疑UFO留下的痕迹

UFO着陆后会留下痕迹吗?
UFO着陆后留下的痕迹是什么样子的?

在德国、俄罗斯、意大利、美国的一些地方,人们曾发现过许多奇怪的痕迹,它们有着不可思议的神奇特点。关于它们的来历,直到现在还是一个谜。

1973年的一天,据说在美国洛杉矶附近,有两位17岁的中学生在树林里的空地上看到了一个灰色的东西。他们用手电照了照,那个东西立刻发出了一种金属撞击的声音,而且还闪烁着红色的光。接着,它垂直上升了一米多,还像陀螺一样快速旋转起来,然后就飞走了。美国的一位UFO专家很快就来到了那片空地,他仔细检查了地面上的痕迹,发现这里的泥土变得又干又硬,地上还留下了三个方形小洞,其边长和深度都是15厘米。将这三个洞连在一起可以看出,它们组成了一个等腰三角形。另外,空地上有一圈杂草看上去明显发黄。结合目击者的描述,专家认为,这些痕迹有可能是UFO着陆后留下来的。

这样的事例在意大利同样出现过。1977年7月5日,在一个海拔200米左右的丘陵上,人们发现了一些奇怪的痕迹。这些痕迹

◀ 麦田怪圈

最不可思议的宇宙未解之谜

▲ 大量目击报告证明，UFO着陆后会留下圆圈状的痕迹。

一共是8个，分内外两圈。内圈有4个，连起来形成了一个不规则的梯形；外圈也有4个，连起来也是一个不规则的梯形。另外，这片土地看上去好像被一个非常沉重的东西挤压过。专家们仔细考察了周围的情况，他们认为，这很有可能是UFO着陆后留下来的痕迹。而且，这架UFO着陆的时候，动作相当准确，技术也相当熟练。

一些专家综合研究了有关UFO着陆的报告，他们发现，UFO的着陆点大都会出现一个圆圈，圈内的土地受过重压，里面的磁场发生了明显异常。科学家们推测，它们很有可能就是UFO着陆后留下的痕迹，但这种说法目前还没有得到证实。这些神秘痕迹究竟来自何处，现在还不得而知。

▽ 据说，UFO着陆后常常会留下神秘的痕迹。

麦田怪圈

所谓"麦田怪圈"，就是长满麦子的麦田在一夜之间突然出现某种有规律的图案。第一例关于"麦田怪圈"现象的报道可以追溯到1647年的英国。有很多人认为，麦田怪圈就是UFO在地球上降落后留下的痕迹。

少年探索·发现系列

揭秘罗斯韦尔事件

在罗斯韦尔坠毁的是UFO吗?
UFO为什么会发生坠毁呢?

美国新墨西哥州的罗斯韦尔是个安静的小城。但在1947年7月初的一个深夜,一起神秘的事件彻底打破了小镇的宁静。

这天夜里,罗斯韦尔上空突然出现了一个巨大的碟状发光体。几乎同时,在一个农场的上空,忽然发出了一声巨响。小镇上的居民被惊醒了,他们跑到户外,只见地上到处散落着一些金属碎片。据说,有人还看见一架金属碟形物的残骸。当时,直径约9米的碟形物已经裂开,有几具尸体分散在它的周围。这些尸体体型瘦小,身长仅100~130厘米。他们全都没有头发,大眼睛,小嘴巴,手上只有四个指头,每人穿着一件闪亮的银灰色连身衣。

就在这时,驻扎在附近的美国军队迅速赶来,将农场团团围住,并命令旁观者离开。到了第二天,事情开始变得扑朔迷离。刚开始,美国军方的新闻发言人宣布,前一天晚上发生的是UFO坠毁事件。但是一天后他们就改口说"UFO坠毁"只是耸人听闻的谣言,那些碎片只不过是

宇宙探秘录 Universe

坠毁的UFO去了何方

日本有位飞碟研究家曾声称:在1947年以后,曾经有多架UFO在美国坠毁,这其中也包括在罗斯韦尔坠毁的UFO,而所有的UFO残骸和外星人尸体都被送到了美国俄亥俄州的拉特巴达松基地。

气象探测器的残片，而看似外星人的生物只不过是用来做军事实验的橡胶人。但此时，关于"UFO坠毁"的新闻已经传开，人们并不相信军方的解释。

很多人推测，美军在事发当晚就已经将UFO残骸和外星人尸体秘密转移到了一个空军基地，并对这些外星人进行了解剖。同时，政府和军方首脑担心此事可能会引起社会恐慌，决定将它作为重大机密向世界隐瞒。1994年，美国军队发表了一份文件，首次透露罗斯韦尔事件和当时一项被视为高度机密的侦察前苏联核试验计划有关。因为涉及国家机密，无法向大众说明，所以才引发了各种传言。然而，很多UFO爱好者、当时的目击者和一些研究人员都不认同这种解释。现在，关于在罗斯韦尔坠毁的不明飞行物到底是什么，至今也没有人能够说清楚。

▲ 美国白宫

▽ UFO在空中发生了爆炸。

"天使头发"之谜

- "天使头发"是什么样的?
- "天使头发"是不是来自UFO?

1741年9月的一个黎明,外出散步的英国作家怀特发现草原上有一层"蜘蛛网"。后来他才看清楚,这些丝絮并不是蜘蛛吐出来的,而是来源于空中。它们连续不断地从高处落下,速度非常快。当地人看到后,就把它们叫作"天使头发"。

到了20世纪中后期,"天使头发"出现的次数频繁起来。据说,每当UFO离开之后,它都会如期而至。据目击者描述,它们的外形很像蛛丝、蚕丝或棉絮,一般呈白色,闪闪发光,十分柔软。但只要把它拿在手里,它很快就会融化、消失。

最著名的"天使头发"事件发生在意大利。1954年10月27日,两位意大利男子突然看到天空中有两个闪亮的纺锤状物体,它们正在快速飞往佛罗伦萨方向。当天下午,佛罗伦萨市的露天运动场传来了意想不到

▼ 据说"天使头发"和蛛丝相似。

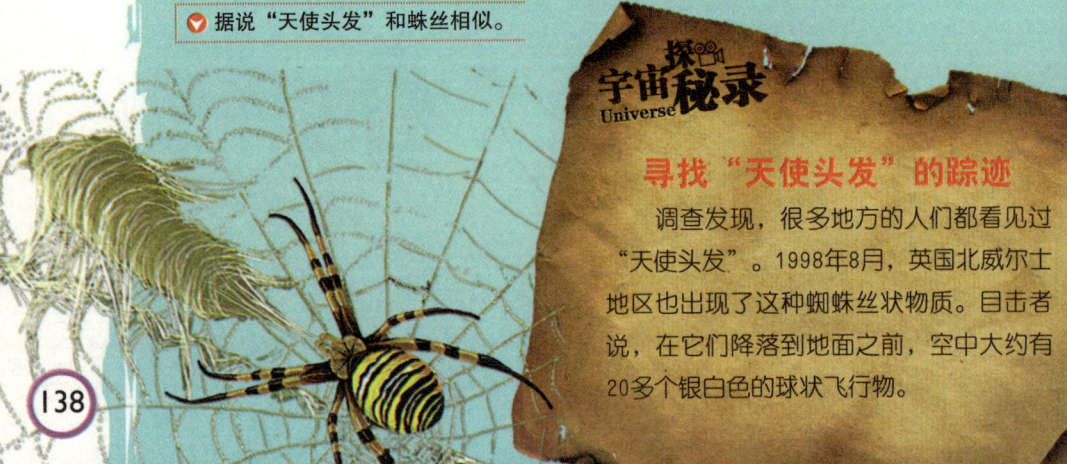

宇宙探秘录 Universe

寻找"天使头发"的踪迹

调查发现,很多地方的人们都看见过"天使头发"。1998年8月,英国北威尔士地区也出现了这种蜘蛛丝状物质。目击者说,在它们降落到地面之前,空中大约有20多个银白色的球状飞行物。

△ "天使头发"在意大利、菲律宾、美国、英国等地都出现过。

的消息：当时正在进行足球比赛，在场的1000多名观众突然看见有两个不明飞行物掠过了天空。随后，大量蜘蛛丝状的物体飘落了下来。经过化验，研究者们认为这是一种纤维物质，具有较强的抗拉性和抗扭曲性。从成分来看，它很像是硼硅玻璃丝。

1967年，苏联的研究人员在新西兰收集到了"天使头发"样本，一些科学家也认为它们是一种优良的纤维物质。科学家们还强调，这是我们人类从未接触过的特殊物质，它不像是自然形成的。到了20世纪90年代，美国的UFO研究专家查尔斯·麦尼推测，"天使头发"可能是UFO释放出的额外物化能量，因此它们总是伴随着UFO一起出现。

由于"天使头发"保留的时间相当短，所以专家们很难对它进行精确的科学检测。因此，"天使头发"究竟是什么物质，它是不是真的来自UFO，直到现在还是一个谜。

▽ 据说"天使头发"总是伴随着UFO出现。

少年探索·发现系列

UFO"造访"军事基地

UFO为什么总是"光顾"军事基地？
UFO是不是特别"偏爱"人类制造的导弹？

在美国怀俄明州捷恩市西北，有一座美军的导弹基地。这里部署了大量的核导弹，是一个不对外开放的地方。

然而，就在1988年10月12日这天，这座戒备森严的导弹基地却来了一位"不速之客"，据说它是一架巨大的UFO。这个庞然大物的"光顾"，不仅使基地的警员惊诧不已，也把附近农场饲养的牲口吓得惊慌失措。

当这架UFO在基地上空盘旋的时候，两位巡警首先发现了它。他们一致认为那绝对不是任何类型的飞机。同时，他们还发现这个物体被一个蓝色光环围绕着，光环边缘处还闪烁着红色的灯光。

居住在基地附近的罗斯查·汤逊士当时也看到了这个"不速之客"。他描述说："那个怪物足足有12个美式足球场那

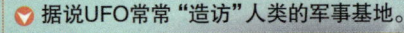
据说UFO常常"造访"人类的军事基地。

宇宙探秘录 Universe

UFO"跟踪"宇宙飞船

据报道，20世纪60年代，美国的"信心"号、"双子星"号宇宙飞船在太空中飞行时，都被UFO跟踪过。据说有的宇航员还成功地拍摄下了UFO的照片。

么大，中间部位还闪烁着一连串耀眼的光芒，光的颜色有红色、绿色、蓝色，还有白色的。"

罗莲·布士萧太太是个农场主，她在导弹基地附近拥有一处农场。就在事件发生的前一天晚上，她听见农场里的牛和狗突然之间叫个不停，好像是被什么东西吓住了。可是一刹那之后，所有牲口的叫声又都停下来了。布士萧太太有着丰富的饲养经验，她认为，牲口们一定是看到了什么特别的东西，感到非常害怕。如果这个"不速之客"真的是UFO，那么，它为什么要来到这里？答案现在还无人知晓。

除此之外，据说UFO还"光顾"过苏联的导弹基地。那是在1959年5月的一天，苏联乌拉尔导弹基地总参谋部的所有雷达突然失灵了！一些UFO在该地上空飞行，久久不愿离开。UFO为什么频频"光顾"导弹基地？它们为什么特别"偏爱"人类制造的导弹？这些UFO是由谁制造并控制的？这一切至今也没有答案。

▶ 据说，住在基地附近的人也看到了这个UFO。

少年探索·发现系列

天降火球为何物

从天而降的火球是球形闪电、人造卫星，还是UFO？是什么原因使UFO坠毁了呢？

1986年2月29日的晚上，据说在俄罗斯的达利涅戈尔斯克市郊，有两个班的中学生正在老师的带领下进行天文观测。突然，一个叫尤拉的学生惊叫起来："快看！天上飞过来个火球！"尤拉的叫声还没落下，大家就把目光投向天空，只见一个直径约3米的大火球从师生们的头顶一掠而过！大家惊异地发现，这个火球圆滚滚的，红得恰似一轮初升的红日。令人迷惑不解的是，火球先是平行于地面飞行，然后再缓慢上升，最后竟然一头撞到了悬崖上！而且，在火球撞上悬崖的一瞬间，只发出了微弱而低沉的撞击声，受到撞击的岩石却发出了强烈的光芒。

事发后，科学家们对这一事件提出了各种推测。有人认为，这是自然界中发生的一次极为罕见的球形闪电现象。还有人认

▼ 有人认为，火球是自然界中发生的闪电现象。

最不可思议的宇宙未解之谜

▷ 火球看起来就像一轮初升的红日。

为，它是一颗老化了的人造卫星。但是一些权威学者却倾向于这样一种观点：从天而降的火球很可能是外星人向地球发射的一架UFO，它在失控后就坠落到了地面。多年来，科学家们围绕这个问题展开了激烈的争论，但仍然没有解开这个谜。

前不久，专家们又来到事发地点重新进行调查。这次他们在现场发现了几种奇特的残留物——小铅粒、小铁珠和泡孔物。检测表明，仅仅是小铁珠这样的物质就不是普通工具制造出来的，它的硬度相当大，化学成分也很复杂，是由多种合金构成的。泡孔物是一种黑色、发脆的，类似玻璃一样的物质。奇怪的是，这种物质在真空中能耐受住3000℃的高温，但是它在空气中的温度一旦达到900℃，就会立刻燃烧起来。

科学家们由此推测，这个从天而降的火球可能是一架遇难的UFO，也有可能是外星球的高级智能生物向地球释放的一个遥控探测装置。真相究竟如何，还需要科学家们的继续探索。

宇宙探秘录 Universe

UFO"旧地重游"

据说1952年7月19日，美国华盛顿上空出现了一架UFO。50年后的2002年7月26日，UFO再度光临华盛顿。至于UFO为何会在50年后"旧地重游"，这其中的奥秘没有人能够解开。

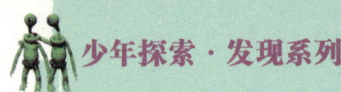
少年探索·发现系列

UFO为何要攻击人类

是人类的不友善行为激怒了UFO，迫使它们进行攻击吗？
UFO是不是在利用人类测试自己的攻击能力？

有很多专家认为，外星人对我们人类可能并无恶意。否则，凭借他们的科技水平完全可以征服地球上的任何一个国家。然而，UFO攻击人类的事例还是从世界各地传来。

据说，1967年5月的一天，巴西的一个农民从林中打猎归来。在自家附近，他看到一个碟状飞行物降落到了他家的田地里，飞行物旁边还有3个巨大的人形生命体飘浮在空中。这个农民立刻举枪射击，打中了其中一个人形生命体。这时，一道强光从碟状飞行物中射出，击中了这个农民的肩头。之后，3个类人生物立刻回到了他们的飞行物中，迅速飞走了。那个农民回家后便卧床不起，两个月后就死去了。医学检查表明，是一种强烈的辐射，破坏了这个人体内的红细胞。

此类攻击事件很常见，有专家由此推测，在人类与外星人的接触中，是人类的不友善行为导致自己受到了UFO的攻击。但是，地外生命主动攻击人类的事例也照样存在。

据说在有些攻击事件中，UFO甚至"劫持"了地球人。

最不可思议的**宇宙**未解之谜

据说同样是在巴西，1981年的一天，两个青年相约去森林里打猎。他们分别爬上了一棵矮树。突然，一个像卡车轮子一样的飞行物向他们飞来，四周散发着强光，把其中一个年轻人吓得从树上摔了下来。这时，一束光射在另一个年轻人身上，他尖叫了一声也掉了下来。没被光射中的青年吓得转身就跑。第二天，他带人来寻找他的伙伴，却发现那人已经死了。奇怪的是，死者身上没有致命的伤痕，只是全身的血液都消失了。两天后，另一个青年也在打猎时被强光击中后死亡，尸体里也没有血液。据说接着又有一个人在山顶遭遇UFO，也是受到同样的攻击后丧生。

这些案件发生后，警方对证人和目击者进行了测谎检查，结果表明他们都没有撒谎，UFO射出的光线确实杀死了人类。然而，UFO为什么要攻击那些手无寸铁的人？我们现在还无法知晓。

▶ 1981年，巴西连续发生了UFO攻击人类的事件。

▶ 有很多专家认为，外星人对我们人类可能并无恶意。

宇宙探秘录

第一例"UFO攻击案"

1948年1月7日，美国上尉托马斯·曼特尔在拦截一架UFO时遇难。后来，人们发现了他驾驶的飞机残骸。专家们认为，当时，UFO肯定对飞机进行了可怕的攻击。这就是官方公认的第一例"UFO攻击案"。

探秘飞机失踪事件

失踪的飞机和驾驶员去了何方？
是不是UFO"俘虏"了飞机和驾驶员？

1978年10月21日晚上6点，20岁的费雷德立克·布连地驾驶着一架协和飞机，从澳大利亚墨尔本附近的莫拉丙机场飞往金格岛。

据说飞离机场后，布连地突然看见西南方出现了一个闪闪发光的、气球般的东西。因为天气状况良好，视线清晰，布连地没有对那个物体多加在意。晚上7点整，他向墨尔本的控制塔通报说："通过渥太威岬。"

然而，就在布连地飞越渥太威岬的那一瞬间，他感到了一丝异常。晚上7点6分，他向墨尔本控制塔询问："同一区域有无其他飞机？"控制塔回答："依飞行航程表上的记载，没有。"

可是布连地却看见，在他驾驶的协和飞机的上方，有一个巨大的不明物体。

墨尔本控制塔要求布连地对这个物体加以确认，于是他报告说："这不是飞机！它的形状像个碟子，闪烁着蓝色的灯光，机体似乎是金属做的，闪闪发亮。"说完这些之后，控制塔便

▶ 飞行员布连地发现，有一个巨大的不明物体在跟踪他。

与布连地失去了联系。7点12分,控制塔突然又听到了布连地的声音,只听他惨叫一声:"这家伙在我上面!墨尔本控制塔……"就在这个时候,通信又中断了。17秒钟过后,控制塔的工作人员听到了一阵阴森可怕的金属声,之后一切又重新归于寂静。

此时正值7点12分48秒,布连地就在金格岛的正前方不远处失踪了。接到这一消息,澳大利亚军方马上出动,在空中及海上展开搜索。可是,布连地和协和飞机的残骸都没有找到。

这件事在国内外引起了极大的震动。很多人都认为,此事肯定和UFO有关,是它攻击了协和飞机,又没有留下任何蛛丝马迹。而且,在事件发生的一个多月前,有很多人都看见了UFO。最令人惊异的是,同一天目击到UFO的次数在事故发生当天达到了最高峰。难道布连地是和飞机一起被UFO俘虏了吗?真相到现在都还是一个谜。

▼ UFO似乎非常关注人类的飞行器。

宇宙探秘录 Universe

遭遇UFO

据说1957年7月17日,美国的一架"RB-47"型飞机遭遇了一个不明飞行物。它是一个淡蓝色的发光体,其行驶速度之快,令飞行员惊诧不已。有的研究人员推测,这个物体很有可能就是UFO。

少年探索·发现系列

空中惊魂

是UFO在跟踪人类飞机吗？
UFO是不是在"探测"人类的航空技术？

1965年2月5日夜里，美国国防部租用的一架班机正飞越太平洋，向日本运送飞行员和士兵。大约在东京时间凌晨1点，机组人员突然发现空中有三个巨大的椭圆形物体，它们闪烁着红光，以令人吃惊的速度向下俯冲，向飞机直扑过来。飞机马上转弯回避，那三个飞行物也立即改变航线并突然减速，与飞机飞行在同一高度。

据目击者回忆，这三个飞行物看上去大得惊人，其长度起码有700米。又过了几分钟，三个飞行物赶了上来，与飞机并肩飞行。这时，飞机里乱成一团，气氛紧张到极点。突然，机组人员看到它们又一下子升高，以2000千米/小时的速度离去，转眼间就消失得无影无踪。

人类飞机在空中遭遇UFO追击的案例还有很多，有时就连民航客机也成了它们的目标。1967年2月2日，一架秘鲁航空公司的"DC-K"号

◀ 据说神秘的蓝光出现在了飞机的前方。

宇宙探秘录 Universe

UFO的飞行姿态

根据目击者的描述，UFO最常见的一种飞行姿态就是纹丝不动地悬停在空中。然而，UFO有时会使用"落叶式"或者"摆锤式"的姿态下降，有时还会沿着波浪般的曲线状轨迹飞行。

客机，载着52名乘客从以乌拉飞往利马，据说途中就被一架UFO"追踪"了差不多300千米。

事发当时，机长奥斯瓦尔·桑比蒂在飞机右侧发现了一个发光体，它是一个倒锥体模样的飞行物，其速度、方向、飞行高度都与飞机大体相同。令人惊奇的是，那个物体显示出极为高超的飞行技巧，它翻着跟头，做着奇怪的动作，一会儿垂直上升，一会儿飘然下降……突然间，它猛然朝飞机冲来，机上的乘客吓得面无人色，有的甚至号啕大哭。可是，这个家伙略一抬头，便从飞机上方安然掠过。就在这时，飞机上的电子设备全部失灵，再也无法和机场取得联系。大约一个小时后，这架古怪的UFO才从他们的视野中消失。

从很多案例来看，虽然UFO"喜欢"跟踪人类的飞行器，但它们似乎并无恶意，也很少进行主动攻击。不过，谁也不知道UFO为何总是对人类的飞机"情有独钟"，这个问题到现在还是一个谜。

▲ 据说UFO有时还会追踪民航客机。

▷ 这个发光的物体就是UFO吗？谁也不知道正确的答案。

揭秘风湾事件

风湾小镇上真的出现过UFO吗？
UFO为何频繁"光顾"风湾小镇？

在美国佛罗里达州，有一个名叫风湾的海滨小镇。据说从1987年11月以来，这里已经发生了多起UFO目击事件，一时轰动了全美乃至全世界。

艾德是最先目击UFO的人。据他描述，第一次遭遇UFO是在1987年11月11日下午。当时，他正在书房工作。突然间，他看见不远处的半空中有个从没见过的怪物在飞。艾德走到院子里想看个清楚，很快他就发现，这个飞行物非常古怪，它闪烁着光芒越飞越近，令人害怕。艾德赶紧跑回屋，拿起相机准备把它拍下来。当他来到大门口的时候，UFO已经靠近了他的家。艾德拼命按动快门，拍下了4张照片。此时，UFO正好飞到了艾德的头顶，就在他还想拍照的那一瞬间，有一股看不见的力量向他袭来，让他全身动弹不得。接着，UFO发射出一道蓝光，将艾德吸了起来，飘向空中。可是，UFO好像并不打算"劫持"艾德，过了一会

▼ 在美国小镇风湾，发生了轰动世界的UFO目击事件。

▲ 风湾小镇上的很多人声称自己看到了UFO。

儿就把他扔回了地面。艾德昏倒在地，之后的事情他就不记得了。

然而，艾德的遭遇并未结束。9天后，UFO再次出现在他家附近，艾德又拍下了一些照片。到了12月12日凌晨3点左右，外星人终于出现在艾德家的院子里。本来，艾德打算跟踪那个外星人，可是他一出门就被UFO发出的蓝光吊了起来，倒悬在空中。外星人跟随光线回到了UFO，然后它们就一起往附近的足球场飞去，艾德又被扔回了地面。这一次，他同样拍到了UFO的照片。

事件发生后，科学家们对艾德的照片进行了研究，他们没有从中发现伪造的迹象，艾德的精神状态也没有任何异常。而且，风湾小镇上也有其他目击者看到了与艾德照片中完全一样的UFO。难道这一切都是真的吗？UFO为何频繁"光顾"风湾小镇？这些问题到现在也没有一个准确的解释。

宇宙探秘录 Universe

"蓝皮书计划"

"蓝皮书计划"是美国为了调查UFO而设置的研究计划。它成立于1952年，其活动一直持续到了1970年。该计划收集了12618件UFO报告。现在，一些机密性较低的案件已经陆续公开。

少年探索·发现系列

神秘卫星与UFO

卫星"黑色骑士"为什么会逆向旋转？
围绕地球的神秘卫星是从哪里来的？

1961年，在巴黎天文台观测站工作的法国学者雅克·瓦莱发现了一颗运行方向与其他地球卫星相反的卫星。他给这个来历不明的家伙命名为"黑色骑士"。紧接着，其他天文学家也按照瓦莱提供的精确数据，找到了这颗环绕地球逆向旋转的独特卫星。法国著名学者亚历山大·洛吉尔认为，"黑色骑士"可能与UFO有关，否则它不可能逆向旋转，这说明它具有能够改变重力的巨大力量，而这一切也许只有UFO才能做到。类似事件并不止一起。1983年1月至11月间，美国发射的一颗红外天文卫星在执行任务时，在猎户座方向连续两次发现了一颗神秘莫测的卫星。这两次观测前后相差6个月，表明它在空中有相当稳定的轨道。苏联的跟踪研究显示，这颗卫星的体积异常巨大，具有钻石般美丽的外形，而且外围有强磁场保护，内部还装有十分先进的探

▽ 想象画：人类登陆外太空

▲ 出现在地球轨道的神秘卫星体积异常巨大。

测仪器。它似乎有能力扫描和分析地球上的每一样东西，包括所有生物在内。它同时还装有强大的发报设备，可将搜集到的资料传送到遥远的外太空去！

　　1989年，在瑞士日内瓦召开的一次记者招待会上，苏联的宇航专家莫斯·耶诺华博士向媒体公开了此事。他强调说："这颗卫星是1989年底出现在我们地球轨道上的。经过仔细分析核实发现，它肯定不是来自地球。"据说此事被披露后，世界上已有200多位科学家表示愿意协助美苏两国共同研究这颗可能是来自外太空的人造天体。法国天文学家佐治·米拉博士说："显而易见，这颗卫星经过'长途跋涉'才来到地球，它的主人就是外星人。虽然只是初步估算，但我敢说它的寿命至少有5万年之久！"

　　神秘的宇宙，给我们制造了太多的谜团。直到今天，科学家们依然不知道这些神秘的卫星究竟从何处来，又是谁制造了它们，这一切到现在都还是个谜。

宇宙探秘录 Universe

"地球之音"

1977年8月和9月，美国成功地发射了"旅行者"1号和"旅行者"2号探测器。它们各自携带了一张称为《地球之音》的唱片，上面录制了丰富的地球信息。

图书在版编目（CIP）数据

最不可思议的宇宙未解之谜／龚勋主编．—汕头：汕头大学出版社，2012.1（2021.6重印）

ISBN 978-7-5658-0506-6

Ⅰ．①最… Ⅱ．①龚… Ⅲ．①宇宙－少儿读物 Ⅳ．①P159-49

中国版本图书馆CIP数据核字（2012）第003263号

最不可思议的宇宙未解之谜
ZUI BUKE SIYI DE YUZHOU WEIJIE ZHIMI

总 策 划	邢 涛	印 刷	唐山楠萍印务有限公司
主 编	龚 勋	开 本	705mm×960mm 1/16
责任编辑	胡开祥	印 张	10
责任技编	黄东生	字 数	150千字
出版发行	汕头大学出版社	版 次	2012年1月第1版
	广东省汕头市大学路243号	印 次	2021年6月第6次印刷
	汕头大学校园内	定 价	37.00元
邮政编码	515063	书 号	ISBN 978-7-5658-0506-6
电 话	0754-82904613		

● 版权所有，翻版必究 如发现印装质量问题，请与承印厂联系退换